Busch • Von Autos und Menschen

FRITZ B. BUSCH

VON AUTOS UND MENSCHEN

Motor buch Verlag

Einbandgestaltung: Dos Luis Santos

Titelbild: Archiv Fritz B. Busch

Bildnachweis: alle Bilder, soweit nichts anderes vermerkt, mit freundlicher Genehmigung der *Motor Klassik*

Eine Haftung des Autors oder des Verlages und seiner Beauftragten für Personen-, Sach- und Vermögensschäden ist ausgeschlossen.

ISBN: 978-3-613-03031-2

1. Auflage 2009

Sie finden uns im Internet unter www.motorbuch-verlag.de

Lektor: Martin Gollnick
Innengestaltung: Anita Ament, 71229 Leonberg
Druck und Bindung: Conzella, 85609 Aschheim-Dornach
Printed in Germany

Inhalt

S-DL 3636

Vorwort

Von einem Automenschen

Malte Jürgens.

Denken Sie, lieber Leser, liebe Leserin, jetzt bloß nicht an eine Karikatur, etwa aus dem Simplicissimus. Dieses Satireblatt der Kaiserzeit hat Automenschen ja in ihrer mannigfaltigsten Form dargestellt, bis hin zu Babys auf Rädern statt auf Beinen. Nein, diese Art von Automenschen ist hier nicht gemeint.

Hier geht es um den Automenschen Fritz B. Busch und seine Beobachtungen, die er sowohl an Autos als auch an Menschen festmacht: humoristisch, präzise, technisch fundiert, entlarvend, aber nie verletzend, stets wohlgedämpft von einer gehörigen Portion Sympathie für seine eigene Spezies. Busch kritisiert Autos und die Beziehung der Menschen zu ihren Benzinkutschen so, wie es am angenehmsten ist: mit einem treffenden Lächeln.

Die Form des Romans etwa, gar mit dem Verdacht auf Überlänge und Langeweile, war nie sein Ding. Busch liebt die ins Schwarze zielende Kurzgeschichte, die journalistische Kolumne, das kritische Schmankerl, die leichte und so köstliche literarische Nachspeise sozusagen nach dem schweren täglichen Menü des Autofahrens in unserer Zeit.

Seine Karriere im Zeitraffer: Nach dem Krieg Steilwandfahrer mit dem Motorrad, dann Marketing-Stratege in der Lebensmittelindustrie, schließlich Autor

unnachahmlicher Leserbriefe an das Fachmagazin *auto motor und sport.* Verlagsgründer und Grand-Prix-Pilot Paul Pietsch wittert einen genialen Neuzugang: »Wer solche Leserbriefe schreibt, ist auch als freier Autor erfolgreich.«
Busch nimmt diese Kurve auf der Ideallinie – und wird Star-Autor von *auto motor und sport,* später von Henri Nannens *stern.* Er fährt mit dem ersten Golf von Alaska nach Feuerland – und er entwikkelt ein Diesel-Rekordfahrzeug genauso wie ein praktisches Familien-Stadtauto, dessen Konzept erst zwei Jahrzehnte später unter der Bezeichnung »Van« weltweit Karriere machen wird.
Dazu trägt Busch ein wunderbares Museum seiner Auto-Träume in Wolfegg bei Ravensburg zusammen, unweit vom Bodensee. Superteure Nobelkarossen sucht man darin vergebens. Eher findet man Isetta, Kabinenroller oder Lloyd Alexander. Der Cadillac von Hans Albers ist eine Ausnahme. Busch hielt es immer mit der Motorisierung des kleinen Mannes, von der Isetta-Fahrt über die Alpen nach Italien bis zur Reise mit dem Citroen 2 CV und einem – viel zu schweren – Wohnanhänger.
Sein Museum ist sein Forum, real und nicht nur im Internet. Hier trifft Fritz B. Busch Besucher, die ihm das liefern, was heutige Marketing-Strategen Feedback nennen: Er schaut dem Volk gewissermaßen auf's Maul, und das Volk sagt ihm, was es denkt. Busch sitzt an der Quelle.
Den Ehrentitel des »Doyen aller modernen Motorjournalisten« hat er sich hart verdient. Schließlich war er der Erste, der vor einem halben Jahrhundert das Feuilleton in den Motorjournalismus eingeführt hat und damit die dürre Domäne trockener Texte der Fachingenieure nachhaltig mit Ironie und wohltemperiertem Witz bewässerte.
Die Liebe zum Automobil, die Essenz der eigenen Erfahrungen und die Meinung seiner Museumsgäste halten Fritz B. Busch seit mehr als einem halben Jahrhundert up to date. Das Schreiben treibt ihn um wie eh und je, seit Jahren exklusiv für das Oldtimer-Magazin *Motor Klassik.* Die von vielen Lesern beim Erscheinen eines neuen Heftes als Erstes aufgeschlagenen Busch-Kolumnen wurden im vorliegenden Buch nach seinen eigenen Vorschlägen zusammengestellt.
Seine Verlegerin ist Dr. Patricia Scholten, Chefin des Motorbuch-Verlags und Tochter des Busch-Entdeckers Paul Pietsch. Die Kreise schließen sich. In den hier versammelten Automobil-Feuilletons bietet Busch wieder mal Höchstform. Nichts anderes haben wir von ihm erwartet.

Viel Vergnügen beim Lesen wünscht
Malte Jürgens
Chefredakteur von *Motor Klassik*

Mit dem Oldie sieht man besser

Meine Begegnung mit der Waldspitzmaus

Es ist nun satte dreißig Jahre her, als ich die Probefahrt mit dem Dixi machte. Genauer: Mit dem 3/15er-DA 4 von BMW, den man noch immer Dixi nannte, was sich bis heute nicht geändert hat. Er hatte schon die vordere Schwingachse – sofern man eine schlichte Querblattfeder, an der die Vorderräder O-beinig hängen, als solche bezeichnen kann. Aber damals, so um 1930 herum, war die »Schwingachse« so gefragt wie heute ABS und ESP.

Ich hatte das kleine Auto, das damals bereits über vierzig Jahre alt und somit ein gestandener Oldtimer war, frisch erworben und hier und da aufgemöbelt, den Motor und die Seilzugbremsen eingestellt. Nun wollte ich eine ausgiebige Probefahrt machen. Sie wurde mir zum unvergesslichen Erlebnis. Nicht wegen der Schwingachse, sondern wegen dem Scheidegger-Franz.

Der wollte unbedingt mitfahren, weil er irgendwann »ganz damals« ein solches oder zumindest ähnliches Auto besessen hatte. Längst saß er aber jahraus, jahrein auf seinem grünen 12er-Deutz, einem einzylindrigen Traktor, mit dem er seine Wiesen mähte und die Milchkanne zur Käserei brachte.

Wir fuhren durchs Land in jenem Fünfziger-Trab, der zu Dixis Zeiten die gängige Reisegeschwindigkeit war. Im Dritten fühlt sich der Kleine dabei ebenso wohl wie seine Passagiere. Und ich nahm genussvoll Dinge wahr, die mir ansonsten auf der gleichen Strecke, aber in irgendeinem modernen Automobil – ich bewegte damals noch Testwagen jeglichen Kalibers – völlig entgangen waren.

Es war die Strecke, auf der meiner Tochter immer schlecht wurde wegen der vielen Kurven. Und auf der mich meine Frau alle paar Kilometer vorwurfsvoll

fragte, ob ich denn wirklich so rasen müsse. Manchmal rief sie auch nur »na-na-na!« und klammerte sich irgendwo fest. Nun aber war alles anders. Und das ging so:
Als der Geruch von frischem Tannenholz herüberwehte, sagte ich leichthin: »Da drüben hat man Tannenbäume gefällt.« Woraufhin der Scheidegger-Franz knurrte. »Ja, und zwar Fichten.« Und so erfuhr ich, dass wir an der Fichte, der Rottanne, der Weißtanne, der Lärche und der Föhre vorüberfuhren.
Später, als ich von den vielen, schönen Bäumen sprach, die da in unser Blickfeld gerieten, als ich wegen einer mäßigen Steigung in den Zweiten runterschalten musste, lernte ich auch die Moor- und die Sandbirke kennen. Und eine falsche Akazie, die aber dennoch eine richtige war. Sie hieß nur so.
Dann kam die Kuh. Sie graste friedlich vor sich hin. »Eine Kuh, so ganz allein«, murmelte ich verwundert, denn wir fuhren schließlich mitten durchs West-Allgäu. Er hatte sie längst erspäht.
»Das ist ein feines Stück Gelbvieh«, sagte er, mit dem Finger darauf deutend, »Zuchtrichtung Schwarzwälder Hinterwälder Vieh. Nicht das hier übliche Braunvieh, das Leute wie Sie gern mit dem deutschen Rotvieh verwechseln.« Das war mir aber noch nie passiert, und so sagte ich nur »aha« – und beging im gleichen Moment einen schweren Fehler. »Dummes Huhn, blindes!« rief ich, weil ein solches Federvieh kurz vor dem Dixi über die Straße rannte. Natürlich war es

kein Huhn gewesen. Nicht mal annähernd. Es war eine Fasanenhenne, die sich vom Waldrand zur Nahrungssuche auf die gegenüberliegenden Felder begeben wollte. Fasanenhennen machen das immer so. Ich hätte das wissen müssen.

Ich nahm mir vor, den Mund zu halten, was immer auch geschehe. Aber da kam eine so niedliche kleine Schafherde ins Blickfeld, dass ich spontan blökte: »Schäfchen zur Linken wird Freude dir winken ...« Das machen Städter nun mal so, wenn sie Schafe sehen. Aber der Franz blickte mich daraufhin so herausfordernd an, dass ich frech ausrief: »Merino-Schafe!«

Und siehe da, er nickte. Sekunden später war mir klar, dass ich mir darauf nicht das Geringste einzubilden brauchte, denn »der überwiegende Anteil des deutschen Schafbestandes sind nun mal Merino-Schafe, bevorzugt das Merino-Landschaf ...«

»Und das Merino-Stadtschaf?« fragte ich, Interesse heuchelnd. Aber nein, »das andere ist das Merino-Fleischschaf, Mann!«

Das ist offenbar das mit den Lamm-Koteletts.

»Da ist aber auch ein Rhön-Schaf darunter«, sagte er dann, »man kann es nur schwer vom alpinen Bergschaf unterscheiden, aber ich bin sicher, es ist ein Rhön-Schaf.«

»Und ob das ein Rhön-Schaf ist«, tönte ich. »Da, jetzt rennt es von der Herde weg!« Aber da hatte ich das Eigentor des Jahres geschossen.

»Das, was da wegrennt, ist der Schäferhund«, sagte er mit schwacher Stimme, hob beide Hände und ließ sie auf die Oberschenkel fallen, dass es richtig knallte. Dann raffte er sich wieder auf und sprach: »Natürlich ist es kein Deutscher Schäferhund, sondern ein Schweizer Sennenhund. Und das Schaf mit dem schwarzen Kopf, das ist das Rhön-Schaf.«

Ich begann, mich nach einem jener Sport-Coupés zu sehnen, aus denen man kaum rausgucken kann. Aber die Hauptursache für mein jämmerliches Versagen war wohl der Hunger. Deshalb schlug ich vor, wir sollten im nächsten Dorf ein Wirtshaus aufsuchen und etwas Gescheites essen. Aber der Scheidegger-Franz protestierte.

»Wozu hätte ich wohl meinen Rucksack mitgenommen«, tönte er unter heftigem Kopfschütteln wegen meines neuerlichen Unverstandes.

»Wir suchen uns einen Platz am Waldrand und machen eine Brotzeit.« Es sollte mir recht sein. Rasch durcheilte ich eine überaus eindrucksvolle Pappelallee. Nicht irgendeine. Es waren Spitzpappeln, bekanntlich sind sie eine Abart der Schwarzpappeln, aber so richtig pappeln tut nur die Zitterpappel. Es war aber keine zu hören, also konzentrierte ich mich auf die Suche nach einem Rastplatz und lenkte den kleinen Dixi, der aber schon ein BMW war, über eine Wiese auf den Waldrand zu. Natürlich war die Wiese eine Greuthalde, und das Picknick, zu dem wir uns endlich am Waldrand niederließen, war eine Brotzeit, eine deftige.

Aber zunächst einmal passierten wir zwei Pferde. Ich sehe Pferde gern, zumal in freier Wildbahn. Nun gut, sie standen auf einer Koppel, aber das sieht hier immer so aus wie freie Wildbahn. Weit und breit kein Stall. Und bevor ich mir den Mund verbrennen konnte, sagte der Scheidegger-Franz, auf sie hinüberdeutend: »Ein mittelschweres Warmblut, und zwar ein Württemberger.«

»Zwei«, rief ich leichtfertig. »Um Christi willen«, entsetzte er sich. »Das andere Tier ist ein Rotfuchs. Das sieht doch ein Blinder.«

»Aber ja«, stammelte ich, »nun sehe ich es auch.« Aber sie waren beide braun, hatten vier Beine und einen Schweif und die Köpfe ins Gras vergraben. Bis das eine ruckartig den Kopf hob, zu uns herüberblickte und wieherte: »Der Rottaler bin ich, ist das klar?!« Ich verstand jedes Wort.

Der Dixi verschnaufte, und weil ich seinen letzten Kurbelwellenumdrehungen nachgelauscht hatte, sagte ich: »Die Lager sind gesund.« Diese Feststellung trifft man als Oldie-Fahrer gern, aber hier war sie schon wieder fehl am Platz.

»Ja, es ist eine feine Lage«, murmelte der Franz, »so recht geschaffen für den Wiesenwachtelweizen und den Wiesenstorchschnabel, und ...«

Aber mich faszinierte nicht dieser und auch nicht die Wiesenplatterbse, sondern eben dieser Wiesenwachtelweizen. Welch ein Name! Ich würde ihn künftig in so manches Gespräch einflechten, wenn es um Agrar-Subventionen oder eine Hanglage für diese oder jene Immobilie gehen sollte. Ich würde Pluspunkte sammeln.

Ich schnitt mir ein Stück Wörishofener Butterkäse zurecht und erschrak, als er mich fragte, ob ich die niedliche Waldwühlmaus gesehen hätte, die da soeben ...

»Um Himmels willen«, rief ich, »hier gibt es Mäuse?« »Mäuse!« rief er unwillig und schüttelte den Kopf. »Mäuse! Mann, hier gibt es die seltene Waldwühlmaus. Und die Feldmaus, die Haselmaus und die Waldspitzmaus, die man nicht leicht von der Zwergspitzmaus unterscheiden kann. Und was läuft da gerade hier vor uns durchs Laub?«

»Eine Zwergspitzmaus!« rief ich, weil ich diese Bezeichnung noch im Ohr hatte. Es war aber eine Waldspitzmaus. Sieht doch jeder, Mann!

Und nun sah ich es auch. Er betrachtete sie nahezu liebevoll und hörte sogar auf, zu kauen. Dann nahm er einen kräftigen Schluck Obstler und wischte sich mit dem Handrücken über den Mund.

Was dieser Mann alles weiß von der Welt, in der wir leben. Durch die wir hindurchrasen, den Blick auf die Rückleuchten des Vordermannes geheftet, auf den Tacho und auf die Schilder am Straßenrand. Ich werde noch einige Male mit dem Scheidegger-Franz durch die Gegend fahren, in der ich nun wohne.

Und am Ende des Herbstes werde ich sogar eine Reiherente von einer Löffelente unterscheiden können, und eine Plötze von einer Barbe. Das nahm ich mir vor, und so war es dann auch.

Außerdem weiß ich nun, dass ich auf einer Greuthalde gebaut habe, nicht auf irgendeiner Wiese.

Ja, so war das damals, als ich den Dixi, der ein BMW ist, Probe fuhr. Ich besitze ihn noch immer. Aber den Scheidegger-Franz gibt es schon lange nicht mehr.

Neulich, als ich wieder einmal auf einem Trittbrett am Waldrand saß und mein Wissen überprüfte, wurde ich auf eine merkwürdige Art an ihn erinnert.

Vor mir im Lauf raschelte eine Waldspitzmaus von links nach rechts, verharrte aber in ihrem flinken Lauf und setzte sich vor mir auf den Hintern. Und sie schaute mich an, ohne Scheu, und mit schräg geneigtem Kopf – was immer ein Zeichen für Interesse ist, bei Mensch und Tier.

Für ein paar Augenblicke glaubte ich, sie sehe dem Scheidegger-Franz irgendwie ähnlich. Oder war er es gar?

Wenn man auf dem Trittbrett eines Oldtimers am Waldrand sitzt, hält man auch das für möglich. Schließlich bin ich vor Zeiten auch einmal ein Vogel gewesen, der über Wiesen, Wäldern und Weihern schwebte. Im Traum kommt mir manchmal diese Erinnerung. Es war eine schöne Zeit – bis der Bussard kam, mitten im Flug. Oder war es ein Habicht oder gar ein Falke? Ich werde es nie erfahren.

Aber der Scheidegger-Franz muss sich jetzt vor dem Mäuse-Bussard hüten, so viel steht fest. ■

Ein Fall für Al Capone

Die dunkle Vergangenheit des geschlossenen Wagens

Ich blicke zurück: Mai 1929. Das Telefon klingelt. Wir hatten die Nummer 484, das weiß ich noch heute. Mein Vater geht ran und hört eine zornige Stimme:
»Hier spricht Schlesinger, Werkzeugfabrik Schlesinger. Ihr Sohn hat mir vorhin die Zunge rausgestreckt, als ich mit dem Wagen an ihm vorüberfuhr. Dann ist er demonstrativ nebenher gelaufen und hat Grimassen geschnitten. Wer bin ich denn? Knöpfen Sie sich den Knaben mal vor!«
Mein Vater mit heiterem Tonfall: »Ach, der meinte doch nicht Sie, sondern Ihr Auto. Er kann große schwarze Limousinen nicht ausstehen. Wäre er ein Hund, er würde die Dinger anbellen und Ihnen in die Reifen beißen ...« Und so weiter.
Die Sache endete mit gegenseitigen Respektsbezeugungen und einem gegen mich erhobenen Zeigefinger. Klar, ich tu's nie wieder.
Wenn's auch schwer fiel, denn Herr Schlesinger saß im Fond seiner schwarzen Mannesmann-Limousine. Mannesmann? Ja, Mannesmann. Und so sah sie auch aus. Aber nicht nur sie beleidigte mein autoverliebtes Empfinden. Die »geschlossenen Wagen« der zwanziger Jahre, wie man die »Innenlenker« auch nannte, wenn man Limousinen meinte, waren in meinen Augen missratene Standbilder, keine Fahrzeuge. Wenn sie sich bewegten, sahen sie so aus, als wären sie auf dem Weg zum Friedhof. Und drinnen probte schon der Männer-Gesangverein, aufrecht stehend mit Zylinder.
Wenn man nicht einmal halb so groß ist wie ein Erwachsener, erscheinen einem die Dinge nun mal doppelt so groß.
Diese Ungeheuer schienen mir geeignete Requisiten für Horrorfilme. Im Fond auf dem Sofa aus grünem Plüsch, flan-

Al Capone war in den finsteren Gehäusen natürlich besser aufgehoben, das liegt auf der Hand. Er zog im Fond die Gardinen zu und bot so ein schlechtes Ziel.

kiert von zwei geschliffenen Kristall-Aschenbechern, der Werkzeugfabrikant Schlesinger als der Mörder mit der Kneifzange.

Nicht deplatziert waren sie auch in amerikanischen Gangsterfilmen aus der Zeit der Prohibition. Al Capones Männer kamen mit solchen Dunkelkammern um die Kurve, verlangsamten das Tempo vor einem harmlos dreinschauenden Restaurant, in dem der Brandy in Kaffeetassen serviert wurde, und feuerten aus allen Rohren. Da konnte man ja noch ein Auge zudrücken.

Die Auswahl an solchen Schießbuden war riesengroß, hüben wie drüben. Und Sie glauben gar nicht, welch große Namen in den Zwanzigern an ihren Kühlern prangten. Noch nirgends hatte man die Formgebung für die viertürigen, sechsfenstrigen Schachteln im Griff. Auf mich wirkten sie allein deshalb so abschreckend, weil sie von fröhlich dreinschauenden offenen Tourern (Tourenwagen) und Roadstern umzingelt waren, bei deren Gestaltung der Zeichenstift hier und da wahre Freudensprünge gemacht haben musste.

Darunter auch jene, die man seit Jahrzehnten Phaeton nannte – jenem Gattungsbegriff für offene Viersitzer. Und dabei war es gleichgültig, wie groß oder klein sie daherkamen. Mit Repräsentation hatte die Bezeichnung nichts zu tun. Dass das Phaeton in Wolfsburg über Nacht zur Limousine mutierte, davon hat sich so mancher Kenner der Automobilgeschichte bis heute nicht erholt. Ich versuchte, von heute auf morgen das Wort Hund zu gebrauchen, wenn ich von unserer Katze sprach, aber das hat sich im Familienkreis nicht durchgesetzt.

Damals jedenfalls war es so, dass die Autobauer, als sie den geschlossenen Wagen schufen, im Dunkeln tappten. Bis dahin saß der Fahrer nämlich gnadenlos im Freien. Zumal er nicht der Besitzer war, sondern nur der Chauffeur. Und bei dieser Gestaltung lockerten sich die Linien von selbst.

Die Kiste zerfiel in zwei Teile, vorne Roadster und hinten Coupé. Weil nun auch der Mann am Steuer nicht mehr nass werden sollte, vergrößerte man die Kiste bis vorne hin, schuf den geschlossenen Wagen und nannte ihn in der Werbung »Selbstfahrer«. Nicht, weil er von selbst fuhr, sondern weil ihn der Käufer nun selbst fahren konnte, ohne sich zu erkälten.

Erst ab 1930, ja, genau zum Beginn des neuen Jahrzehnts, bekam man das Problem, eine Kiste als gefälliges Gehäuse erscheinen zu lassen, in den Griff. Von da an gab es gut aussehende Limousinen von unterschiedlichster Linienführung bis hin zu bestechenden Formen. Das Pech der Limousine war jedoch, dass auch die offenen Wagen immer hübscher wurden.

Und dann fiel sie noch einmal in ein tiefes Loch, als alle Welt begann, die Pontonform für die allein seligmachende und zukunftsträchtige zu halten. Das war in den frühen Nachkriegsjahren. Wieder galt es, der Schachtel eine bis dahin ungewohnte Form zu geben.

Als es Borgward mit dem Hansa 1500 als Erster versuchte, gelang ihm nicht viel mehr als ein Brikett auf Rädern. Erst die Isabella gliederte die Flächen in bisher ungewohnter Weise. Das Ergebnis war eine Pioniertat.

Aber zurück in die Zwanziger. Ich wäre damals wahrscheinlich gar kein Auto-Narr geworden, wenn es nur diese Limousinen gegeben hätte. Aber im familieneigenen offenen Wagen verfiel ich der Droge Automobil mit Haut und Haaren.

Die schwarzen Limousinen wirkten oft wie auf dem Weg zum Friedhof.

Es war eine Lust, im Fahrtwind zu sitzen und zu schauen. Begünstigt dadurch, dass sich die Aussichtsplattform kaum schneller als mit 60 bis 70 km/h bewegte. Und so konnte auch Lilian Harvey mit wehendem Seidenschal über die Leinwand fahren und solche fröhlichen Lieder singen wie »Das gibt's nur einmal, das kommt nicht wieder, das ist zu schön, um wahr zu sein!« Im geschlossenen Mannesmann oder auch in einem NAG Presto wäre der Film vermutlich ein Flop geworden.

Auch Richard Tauber (»Gern hab ich die Frau'n geküsst« und »Oh Mädchen, mein Mädchen, wie lieb ich dich!«) scheute sich nicht vor der Zugluft. Sein offener Mercedes existiert noch heute.

Die Welt der zwanziger Jahre war von solchen Liedern erfüllt, zu denen ein offener Wagen weit besser passte als die Limousine.

Dennoch war Al Capone in den finsteren Gehäusen natürlich besser aufgehoben, klar. Er zog die Gardinen zu und bot ein schlechtes Ziel. Im offenen Wagen würde er schon die zweite oder dritte Ausfahrt nicht überlebt haben. Auch die Lebenserwartung seines Fahrers war höher, denn er saß mit im Innenlenker.

Wir wollen hier den geschlossenen Wagen jener Jahre nicht verdammen. Ich wäre froh, wenn ich noch mal neben einem solchen herlaufen und Grimassen schneiden könnte. Sollte ein Presto einmal in meiner Gegend auftauchen, wäre das ja theoretisch möglich.

Aber die Beine ... ■

Damals am Kurfürstendamm

Ein alter Ford erinnert sich ...

Nun stehe ich hier rum, und die Leute gucken mich an. Aber manche gehen auch an mir vorbei. Die haben keine Ahnung. Wenn die wüssten!

Wie kann man nur vor alten Autos stehen, ohne sich Gedanken zu machen über die Zeit, in der sie gelebt haben.

Berlin um 1930, schon voller Autos, klar. Und ich mittendrin. Ich bin ein Berliner, denn sie haben mich da zusammengebaut. Im Werk Westhafen. Aber ich fühlte mich als Amerikaner. Kein Wunder, denn wer fuhr denn damals wie ich herum mit 3,3 Liter Hubraum, aus dem ich nur 40 PS machen musste. Doch was für welche! Aus einem Liter nicht mehr als 12. So lässig kam keiner daher.

Echt cool, würde man heute sagen. Und meine Figur, Klasse. Jeder Strich saß. Damals wurde noch ganz schön gestümpert. Die AGA-Taxis um mich herum, die Elite, die Dürkopp, zum Lachen. Erst die Adler stahlen mir die Schau mit ihren Standard und Favorit. Aber ich war ja ein flotter Zweisitzer. Die konnten mir nichts anhaben. Zumal in mir ganz andere Leute saßen. Ich gehörte einem vom Film. Und der war abends ganz schön unterwegs. Berlin war noch voll in den Zwanzigern, die lappten über bis weit in die Dreißiger hinein. Da tanzte der Bär.

In mancher Nacht stand ich vor einem halben Dutzend Vergnügungsschuppen. Dem Bajadere, dem Casanova, dem Delphi, dem Kakadu, dem Moka Efti und Allotria. Und nicht selten wurde dann noch brav im Romanischen Café gefrühstückt. Da parkte ich dann schon mal neben einem Chrysler, einem Nash oder Buick. In den Zeitungen erklang der verzweifelte Ruf: »Deutsche, kauft deutsche Autos!« Aber es galt als schick, einen »Ami« zu fahren – zumal in Ber-

lin. Da hüpften die Mädels besonders gern rein.
Wir fuhren dann zwecks Erfrischung raus zum Wannsee, Nacktbaden mit viel Geschrei. Aber da langweilte ich mich, denn es standen kaum Autos rum. Vielleicht mal ein kleiner Hanomag, den die Berliner »wild gewordener Kohlenkasten« nannten. Und Dixi und DKW. Doch die meisten Zeitgenossen fuhren da mit der S-Bahn raus.
Also nee, mittendrin in Berlin fühlte ich mich wohler. Ku'damm, Kantstraße, Uhlandeck, Tauentzien, Friedrichstraße, Hardenbergstraße. Da war die Luft voller Musik, und das Pflaster vibrierte.
Juan Llossas, Georges Boulanger, Bernhard Etté, Teddy Stauffer, Paul Godwin, Adalbert Lutter, Egon Kaiser. Und James Kok. Ja, so schrieb er sich, wahrscheinlich hieß er Johannes Koch. So, wie Teddy Sinclair ein Ephraim Waxkirsch war. Das erfuhr ich alles so nebenher, denn mein Filmfritze hinterm Lenkrad war ein flotter Plauderer.
Sagt Ihnen das was? Eben, es sagt Ihnen

Das waren noch Zeiten: Der Ku'damm galt einst als auto-freundlich, und die Kaiser-Wilhelm-Gedächtniskirche stand noch unzerstört.

nichts. Doch ich könnte es Ihnen sagen, ich habe sie alle erlebt, auch ihren Swing und Jazz bis raus auf die Straße. Und den Tiger Rag. Der war so wild und exotisch, dass ihn die Nazis sofort verboten – »Negermusik«!

Er wurde aber nach Mitternacht weitergespielt, hier und da – wo man besonders mutig oder besoffen war. Der »schwarze Panther« diente allenthalben als Ersatz. Der war ja auch ziemlich schräg und immerhin erlaubt.

Es herrschten die Saxophone und die Klarinetten, die Geigen, die Trompeten, die Posaunen, und natürlich das Schlagzeug.

Black Bottom, Slow-Fox, Blues, Swing. Und dann verboten sie Mitte der Dreißiger alles von Irving Berlin. Mein Filmfritze schlug mit der flachen Hand immer wieder gegen mein Lenkrad, als er das weitersagen musste. Ging meine schönste Zeit zu Ende?

Kommt das nie wieder?

Man bestellte im Moka Efti ein Kännchen Kaffee und zwei Stück Kuchen für 68 Pfennige und genoss dazu Bernhard Etté mit seinen 22 Solisten.

Gegen Ende der Dreißiger tauchte auch schon Helmut Zacharias auf mit seiner Zaubergeige, der er den besten und dennoch »verbotenen« Swing entlockte.

Sein Cadillac steht mir gegenüber in diesem Museum. Aber der ist aus den Achtzigern, und die liegen mir überhaupt nicht. Dieses Gitarrengewimmer und diese kreischenden Weiber, die so singen, als hätten sie Zahnschmerzen. Und ein Kännchen Kaffee mit Kuchen soll 10 Mark kosten.

Aber manchmal, wenn die Hintergrundmusik die Sachen aus den Zwanzigern spielt, möchte ich anspringen und rauslaufen. Nix wie weg, zurück an den Kurfürstendamm.

Auch der, der das für mich aufschreibt, hat Heimweh nach dem Kurfürstendamm, aber nach dem von damals. Er saß als junger Mann im Romanischen Café und im Uhlandeck, im Moka Efti und im Resi, wo die Tischtelefone noch immer funktionierten.

Er hat sein Berlin ganz tief eingeatmet. Noch eingangs der Vierziger konnte man das Berlin der Zwanziger erleben, wenn man ein Gespür dafür hatte.

Ob nun Helmut Zacharias im »Groschenkeller« in der Kantstraße seine Geige swingen ließ oder ob noch 1944 (!) im Café Leon am Kurfürstendamm Count Basie und Louis Armstrong gespielt und imitiert wurden und man zu »In the Mood« mit allen Gebeinen zuckte – richtig Tanzen war verboten. Es war verzweifeltes Festhalten jener Zeit, die schon längst zum Untergang verdonnert war.

Ich stand in jenen Tagen in einer noch immer nicht zerbombten Garage in der Drakestraße in Zehlendorf. Und der, der das hier für mich aufschreibt, wohnte nur ein paar Häuser weiter. War er es, der mir an einem schönen Maimorgen, als die Garage offen stand und er auf dem Weg zur S-Bahn war, so versonnen über den Hintern streichelte? Das ist durchaus möglich, denn er macht das noch heute ab und zu, wenn er an mir vorübergeht.

Und er ist davon überzeugt, dass es keine authentischeren Zeitzeugen gibt als die Autos, die so dastehen wie einst im Mai. Man muss sie nur mit anderen Augen sehen. Dann beginnen sie, zu erzählen. Zu den alten Autos gehören nun mal auch die alten Zeiten. Manchmal sind es die besseren.

Aber, wer hört denn schon noch hin? Sie glotzen mir aufs Blech und wollen wissen, wie schnell ich war. Bloß 90 Sachen? Nur 40 PS? Da schlurfen sie weiter. Sie zappen eben auch im Museum wie abends vor der Kiste.

»Ham'se keinen 300 SL oder 'nen Bugatti oder so?«

Oder so, oder so – das ist das geflügelte Wort.

Irgend etwas eben, irgendeinen Kick – oder so.

Was soll ich denen schon groß erzählen, ich bin nur ein alter Ford. Und das war nun mal meine Zeit. ■

Der Mensch

Unter besonderer Berücksichtigung der männlichen Variante

Der Mann besteht in seiner unteren Hälfte vornehmlich aus dem Kupplungsbein und dem Bremsbein. Am unteren Ende des Bremsbeins, mittels eines viel zu lockeren Gelenks angeflanscht und mit nur dürftiger Nervenverbindung zum Gehirn versehen, befindet sich der Gasfuß. Er war bis zur Erfindung des Automobils damit ausgelastet, Lasttieren die Sporen zu geben. Darin geübt, beschleunigenden Einfluss auf Bewegungsvorgänge auszuüben, fand er seit der Existenz des Gaspedals zur eigentlichen Bestimmung. Dass er unmittelbar mit dem Bremsbein verbunden ist, entbehrt nicht der Logik – weil es ohne ihn nichts zu bremsen gäbe.

Dennoch befindet er sich mit dem Bremsbein in stetem Widerspruch, was dem Restmenschen oberhalb der Gürtellinie noch nie so ganz eingeleuchtet hat. Er käme, von den Bäumen herabgestiegen und zum Zweibeiner mutiert, ganz und gar ohne Bremsbein und nur mit dem Gasfuß aus – wenn er denn wüsste, woran dieser zu befestigen wäre.

Man darf hier getrost von göttlicher Vorsehung sprechen: »Der Gasfuß kann nicht sein ohne das Bremsbein.« Ich habe zwar noch nie in der Bibel geblättert, aber ich bin mir sicher, dass dieser Satz darin vorkommt. Der Gasfuß wäre sonst eine echte Schwachstelle der Schöpfung.

Da, wo Kupplungs- und Bremsbein enden, ganz oben an ihrer Ausgangsposition, befindet sich beim Mann ein weiteres kritisches Bauteil. Es ist ein Hebelchen von unterschiedlicher Größe, das befähigt oder gar dazu gedacht ist, sich selbst auszulösen. Wenn es das tut, begibt sich der Verstand umgehend in den Eimer. Hier fehlt die segensreiche Wirkung eines Bremsbeins völlig.

Die Schöpfung hat hier aber nicht etwa fahrlässig gehandelt, sondern Sorge getragen, dass entgegen aller Einwände und Umstände die Produktion menschli-

Der Mensch, der eine Kurve kratzte, bemerkte, dass er sie verpatzte. Und rief aus seines Autos Resten: Ich wollte nur den Grenzwert testen!

cher Lebewesen in Gang bleibt. Es gilt da seit jeher der 24-Stunden-Tag – wobei die Nachtschichten sich durch besondere Produktivität auszeichnen.
So gesehen befinden sich unterhalb der Gürtellinie ganz wesentliche und erwähnenswerte Mechanismen. Es ist ein Frevel, dass die Automobilindustrie versucht, einigen ihre Bedeutung zu nehmen. So wird das Kupplungsbein hier und da durch eine außerhalb des menschlichen Körpers angeordnete Automatik stillgelegt, und zwar im Verein mit der Schalthand, auf die wir noch zu sprechen kommen. Dieses gleicht einer widernatürlichen Verstümmelung.
Es ist erwiesen, dass Menschen, deren automobiler Lebensabschnitt mit diesem widernatürlichen Hilfsmechanismus begann, nahezu völlig versagen, wenn sie zum Gebrauch von Kupplungsbein und Schalthand gezwungen sind. Sie können sich nicht einmal vor einer herannahenden Flut retten, obwohl ihnen ein fahrbereites Auto zur Verfügung steht, wenn dieses im Sinne des Erfinders auf der Betätigung von Kupplungsbein und Schalthand besteht. Hier rächt sich der Eingriff in die Natur auf erschreckende Weise.
Wenn der Gasfuß auch nur dürftig mit dem im Hirn angesiedelten Verstand verdrahtet ist, so ist er es umso mehr mit den beidseits des Kopfes angeordneten Ohren. Werden diese mit bestimmten Tonlagen und Frequenzen konfrontiert, erregt das den Gasfuß, als wären Stromstöße im Spiel. Es gibt da ein Geräusch, das den Gasfuß fast um den Verstand bringt. Es ist komponiert aus dem Röhren eines brünstigen Hirsches, dem wütenden Knurren eines Kampfhundes und dem vernichtenden Kreischen einer Motorsäge. Der Gasfuß, der diese Tonmischung heraufzubeschwören im Stande ist, verliert darüber fast den Verstand. Er ist ganz Ohr und fällt in seinem Taumel bis tief hinab aufs Bodenbrett, dessen Nähe er wieder und wieder sucht.
Als ungesunde Nebenwirkung registrieren Unfallforscher jedoch die nahezu völlige Vernichtung des menschlichen Selbsterhaltungstriebes. Dennoch sind die Autobauer bestrebt, dieses Geräusch vermittels aufwändigster Versuche in den Akustik-Labors und auf den Motorenprüfständen in der effektivsten, also giftigsten Mischung zu erzeugen. Sie

nennen es den Sound. Dieser trägt hier und da nicht unerheblich zur Kaufentscheidung bei, zumal ihn die Autotester zu rühmen wissen.

Unweit der Ohren befinden sich die Augen, die aber nur in den Momenten des Autokaufs von Bedeutung sind. Sie erfassen seherisch kommende mit dem Fahrzeug zusammenhängende Vergnügungen. Hingegen versagen sie auf freier Strecke völlig. Sie übersehen Gebots- und Verbotszeichen und vermögen der Nadel des Geschwindigkeitsmessers nicht zu folgen. Vor allem aber sind sie nicht darauf programmiert, dem Fahrer bei Nebel zu signalisieren, dass sie nichts sehen, sodass er diese Situation nicht an den Gasfuß weitergeben kann.

Kommen wir nun auf die Arme zu sprechen. Sie befinden sich seitlich am Körper und enden in einer unnötig reichhaltigen Ansammlung von Fingern, mit denen sich die vielfältigsten Aufgaben bewältigen lassen. Dennoch genügt ein Einziger, um die Lichthupe zu betätigen. Und das ist eine zur Erzielung rascher Fortbewegung unverzichtbare Tätigkeit.

Ein anderer Finger, und zwar der Zeigefinger der rechten Hand, arbeitet mit ihm fast synchron, indem er zum jeweils für richtig erachteten Zeitpunkt mit seiner Spitze die Stirn berührt. Wie ein Vogel flattert er zu diesem Behufe vom Lenkradkranz weg in Kopfhöhe, dabei eher einem Instinkt als einem Befehl gehorchend. Deshalb ist der Vogel zeigende Mensch für diese Geste gar nicht verantwortlich zu machen. Schuld an ihr ist ausschließlich derjenige, der durch sein Benehmen diesen natürlichen Reflex auslöst. In diesem Punkt werden von den Gerichten täglich Fehlurteile ausgesprochen. Denn nur durch die Amputation der ganzen Hand könnte solches Tun vermieden werden.

Woraus erhellt, dass die geschilderte Bewegung eine in den männlichen Genen verankerte ist. Die Arme selbst sind so reichlich mit wartungsfreien Kugelgelenken bestückt, dass sie für die absonderlichsten Lenkbewegungen wie geschaffen sind. Sogar über Kreuz eingesetzt können sie ein Auto in die schwierigsten Kurven hinein- und wieder aus diesen herauszwingen, ohne ihren Mechanismus zu überfordern. Wedelversuche auf Teststrecken haben ergeben, dass eher Teile oder ganze Fahrzeuge an ihre natürlichen Grenzen geraten.

Im normalen Fahrbetrieb ist der Einsatz beider Arme aber nicht erforderlich, auch nicht bei zügiger Autobahnfahrt. Stets kann ein Arm ausgesteckt auf der Lehne des Beifahrersitzes oder auf dem Knie der Beifahrerin ruhen, ohne dass der Geradeauslauf gefährdet ist.

Mit dem Inhalt des menschlichen Kopfes brauchen wir uns hier, wo es um das Wesentliche geht, nicht zu beschäftigen. Wir haben gesehen, dass der Mann auch ohne den Einsatz seines Gehirns fähig ist, ein Automobil hinreichend und bis an seine Grenzen zu handhaben und sich an ihm zu erfreuen.

Die Automobilindustrie sollte es aber unterlassen, durch den Einbau von elektrischen Ergänzungsmitteln, die am Tage der Schöpfung noch nicht berücksichtigt werden konnten, das menschliche Gehirn zu überfordern. Der Mensch schlechthin, insbesondere der Mann, ist bis in die Nähe von 500 PS und bis zu Geschwindigkeiten von 350 km/h mit Kupplungs- und Bremsbein, Gasfuß, Lenkarmen und den erwähnten zwei Fingern hinreichend ausgestattet. Er hat ohnehin acht Finger zu viel, denn als geborener Autofahrer muss er nicht auch noch Klavier spielen können. Falls er allerdings Oldtimer hegt und bewegt, braucht er alle zehn. ■

Als der Designer nach Miami floh

Man kann sich ihnen kaum entziehen: Oldtimer sind in – überall

Solche Sachen passieren nun mal. Und man sollte sie nicht totschweigen. Sie sind Zeitgeschichte. Gegen Ende Oktober vorigen Jahres, also genau am Montag, den 24., las Chefdesigner B. in seinem Büro die Bild-Zeitung. »Es ist unglaublich«, rief er aus, »schon wieder ein solcher Fall. Da heiratet dieser Erfolgsmensch die Uschi Glas, und was hört man über seine Neigungen, na? Richtig, er liebt Oldtimer!«

Der Kollege blickt von seinem Kaffee auf und krächzt: »Logisch, die Uschi ist ja auch 61.« Er verschluckt sich fast.

»Aber nein, der Kerl meint Automobile. Auch dieser Frühfünfziger schwärmt für Autos von gestern. Das irritiert mich maßlos. Wohin man schaut, es gibt kaum einen, der sich auf den bunten Seiten oder im Fernsehen auf Befragen outet, der nicht Oldtimer sagt. Und wenn man der Sache nachgeht, hält er sich auch einen oder zwei oder einen ganzen Stall von den Dingern.«

»Ja, dabei sind sie meist teurer als unsere neuesten Kreationen. Und alle Welt betet sie an. Ich kann sie kaum noch sehen, ohne dass mir schlecht wird.«

»Aber nein, mir gefallen sie auch. Das ist es ja. Schauen wir uns doch nur den 540 K an. Oder den 853er, den W 25 K ...«

»Und den 328er findet meine Frau sogar sexy. Zum Geburtstag wünschte sie sich übrigens einen E-Type.«

»Und?« »Ich habe ihr einen gekauft.« »Neiiiiin!!!« »Doch!« »Verräter!«

Er war wohl zu laut. Die Sekretärin schaut zur Tür rein.

»Is was?« »Zum Teufel, nein, was haben Sie da in der Hand?«

Sie versteckt es leicht errötend hinter ihrem Rücken: »Die neue Motor Klassik.«
»Warum?« »Der TR 4 sieht so knackig aus. Mein Freund will sich gerade einen kaufen.«
Wie gesagt, es war Ende Oktober, und Heft 11 war schon da.
»Zum Teufel. Ist Ihr Freund auch so ein alter Knabe?«
»Nein, er ist Anfang Dreißig. Und den MGA fährt jetzt sein Bruder.«
»Raus! Äh, pardon, ich bitte Sie, Fräulein Müller, bringen Sie mir meine Herztropfen, ein Stück Würfelzucker und ein Glas Wasser.« Der Kollege blickt besorgt.
»Sie brauchen Urlaub. Sie sehen blass aus. Und wenn es so weitergeht, sehen wir alt aus.«
»Was ich brauche, ist ein Tapetenwechsel. Ich nehme Urlaub, ich bin ausgebrannt. Mein Haus in Florida, ich war schon lange nicht dort.«
Er nahm die Herztropfen und dann den Hörer. Er buchte einen Flug nach Miami. Und fühlte sich schon besser.
Das erste, was er sah, als er drüben in die Sonne trat, war ein Duesenberg »J«

Zum Geburtstag wünscht sich die Frau des Designers den E-Type von Jaguar. Und den BMW 328 findet sie sogar sexy.

von 1929 – und die Herztropfen waren noch im Koffer. Gestern kam die Nachricht, es ginge ihm schon leidlich besser. Manchmal wirkt eine Schocktherapie eben doch Wunder. Nicht als Elektro-Schock, aber nein. Es genügt, wenn der behandelnde Professor einen 34er Pakkard fährt, den 840er Big Eight. Und natürlich als Roadster.

Der parkte so vor dem Memorial Hospital, dass ihn der Design-Chef vom Bett aus sehen konnte. Nach drei Mal 24 Stunden klangen die Schockzustände ab.

Er suchte dennoch nach einem Strohhalm und fragte die bezaubernd hispanisch aussehende Pflegerin, ob sie denn auch so autoverrückt sei wie der Chef?

»Aber nein«, winkte die ab, »mir genügt mein kleiner Sprite, es ist der Frog-Eye. Und sonntags fahre ich mit meinem Freund in die Everglades. In seinem Volkswagen Samba-Bus übernachten wir manchmal sogar. Warum um alles in der Welt baut man so etwas nicht mehr?«

Danach gab sie ihm eine Spritze. Er hatte schon wieder so merkwürdig reagiert. ■

Die bezaubernde Pflegerin fährt einen Frog-Eye. Übers Weekend geht's mit dem Samba-Bus in die Everglades.

Das Geheimnis der zwanzig Pferde

Sie waren verdächtig oft unter der Motorhaube anzutreffen

Mit diesem »zwanzigpferdigen« Benz vorm Haus war man damals schon wer. Damals? Ja, vor dem Ersten Weltkrieg, als das Automobil längst keiner Kutsche mehr glich und das Pferd von ihm in die zweite Reihe verbannt worden war. Aber nur auf der Straße, nicht unter der Motorhaube. Da spielte es noch immer seine Rolle als »Zugpferd« – seine Kräfte wurden wörtlich genommen. Da steht ein »zwanzigpferdiger« Benz. So sagte man damals, als die »zweispännige« Kutsche noch als Norm in aller Munde war.

Und er steht nicht nur herum, er marschiert auf Befehl sonst wohin. Zum Beispiel noch fünfzig Jahre später über die Deutsche Alpenstraße und das Oberjoch zum Schloss Neuschwanstein. Da war ich mit ihm, er gehorchte aufs Wort. Wenn seine Ballhupe ihren Schrei aus dem Schlangenleib stieß, nahm der Tankwart stramme Haltung an. Na ja, aus Jux natürlich.

Ab 1918 war er schon mit Spitzkühler angetreten, Messing pur und messerscharf. Er tat so, als zersäge er die Luft in zwei Teile. Zisch und weg mit zwanzig PS. Sie kamen aus zwei Litern Hubraum. Später genügte den Motorenbauern die Hälfte. Aber 20 PS waren ein Normwert, an den sich viele hielten.

Kein Geringerer als Henry Ford hatte es doch vorgemacht. Von 1909 bis 1927 eroberte das T-Modell mit seinen 20 Mustangs unter der Haube Amerika und

beinahe noch die halbe Welt. Und das fünfzehn Millionen Mal, wie wir alle wissen. Und was machte Ferdinand Porsche? Er wusste es auch.
Als man ihm auftrug, ein Auto fürs Volk zu konstruieren, hielt er 23 kräftige Haflinger für voll ausreichend, von denen drei damit beschäftigt waren, die Luftkühlung in Gang zu halten. Da befand man sich immerhin schon in der zweiten Hälfte der Dreißiger. Mit nur zwei Pferdchen mehr ging es dann auch tatsächlich

Der Zwanzigpferdige steht nicht nur herum. Er marschiert auf Befehl sonst wohin.

los, als aus dem Geschöpf unser aller Käfer wurde, der sich anschickte, Henry's T-Modell zu schlagen.
Das sind große Beispiele, die im Nachhinein fast stutzig machen, weil man an so viel Genügsamkeit kaum noch glauben mag. Warum so bescheiden? Klare Antwort: Wozu übermütig sein, wenn alle Welt weiß, dass zwanzig Pferde genügen. So, wie die zwei vor der Kutsche genügt hatten.
Und nun gar zwanzig? So auch bei den beliebten Opel-Typen vom 4/20er des Jahres 1929 über die 1,2-Liter-Modelle bis hin zum legendären P4 von 1936/37, der mit seinen 23 stolzen PS dem deutschen Normalverbraucher als Volkswagen durchaus genehm gewesen wäre. Erst recht, als er sich 1937 bei unveränderter Leistung zum bildschönen Kadett mauserte. Da hätte es keiner komplizierten Boxermotor-Konstruktion bedurft. Die vier seitengesteuerten Zylinder in Reihe waren den Zeitgenossen vertraut und weit weniger verdächtig.
Pardon, aber so dachte man damals, als man den Motor gar nicht anders platziert sehen wollte als unter der schlanken vorderen Haube. Da gehörte er hin, und nirgendwo sonst. Zumal Mercedes mit seinem heckmotorigen 130 gerade unsanft auf die Nase gefallen oder besser: aus der Kurve geflogen war. Und nun solche Heckschleuder für alle?
Hatte nicht auch Fiat seinen leichtfüßigen Balilla in herkömmlicher Bauweise und mit 23 PS unters Volk gebracht? Kam nicht auch der britisch-stämmige Ford »Köln« mit 21 Pferdchen aus?
Und DKW, auch so eine Marke fürs Volk, hatte zwar schon Frontantrieb – aber auch hier waren 20 PS in der »Meisterklasse« die Krönung. Dies sogar im stählernen Luxus-Cabriolet, das in den Horch-Werken gebaut wurde. Bis 1940 übrigens, als noch immer kein Meisterklasse-Käufer nach mehr verlangte.
Auch der erste »richtige« BMW, also der ohne Dixi-Gene, hatte von 1932 bis 34 als AM 1 (Auto München, das erste) seine ernst genommenen 20 PS. Aus einem Maßkrug kam halt nicht mehr. Wie bitte? Es sind nur 0,8 Liter gewesen? Na und, wann hat man uns jemals einen vollen Maßkrug serviert?
Und so wimmelte es ringsum in den Dreißigern in ganz Europa von 20-PS-Modellen. Danke, das genügt, haben wir damals gesagt – sofern wir uns überhaupt ein Auto leisten konnten. Wer sich aber weit mehr oder gar alles leisten konnte, bis hin zu den Achtzylindern von Horch oder Mercedes, der kommt in dieser Betrachtung nicht ungeschoren davon.
Sie dürfen mit mir kichern, lieber Leser, denn jener ist im Grunde auch nicht über diese zwanzig Pferde hinausgekommen – man muss nur genau hinschauen: Horch 8 Zylinder, Typ 500 B,

ganz große Klasse, einhundert Pferde. Aber wo kamen die her? Aus fünf Litern Hubraum, also entsprangen jedem Liter wieder nur 20 PS.

Mercedes Nürburg 500 – einhundert Pferde aus fünf Litern Hubraum, nicht anders als der legendäre Typ 500 K, wenn man den Kompressor nicht zur Hilfe nahm. Was aber ohnehin nur kurzzeitig zu empfehlen war, also nicht etwa die ganze Autobahn lang, sondern nur beim Spurt.

Mehr Pferde kamen nur aus einem größeren Hubraum – auch bei Mercedes.

Opel Admiral, der große Prächtige, beinahe schon Ami-Look, holt seine 75 PS aus 3,6 Liter Hubraum. Und der Ford V 8 macht es ebenso. Ein Mercedes Stuttgart 260 war mein idealer Reisewagen. Hat immer Spaß gemacht, war nie zu schwach auf der Brust. Sechs Zylinder, offen, viertürig, und 50 PS stark. Hubraum? Richtig! Zweikommasechs Liter.

So könnte es weitergehen. Ein Aha-Erlebnis jagt das andere. Denn immer haben sie in der Geschichte des Automobils eine größere Rolle gespielt, als es uns je bewusst war.

Das war es nun, das Geheimnis der zwanzig Pferde? Was steckte dahinter? Wie kam es dazu, dass man sie unter so vielen Motorhauben antraf?

Die Lösung ist simpel: Der niederoktanige Sprit gab damals einfach nicht mehr her. Über 1 zu 6 kam die Verdichtung nicht hinaus, deshalb konnte mehr Leistung nur aus mehr Hubraum kommen. Aber mehr Hubraum bedeutete mehr Verbrauch, höhere Steuern und natürlich einen höheren Kaufpreis. Den konnten die meisten aber nicht aufbringen.

Wir fanden das nicht halb so schlimm, wie es heute klingt. Diese zwanzig Einheits-Pferde erfüllten unsere Erwartungen ganz und gar. Und wer sich schon einen Sechszylinder leisten konnte, der genoss auch weiterhin die Segnungen der zwanzig Pferdchen. Denken wir nur an die wunderbare seidenweiche und gelassene Kraftentfaltung der Opel-Kapitän-Maschine. Sie beglückte uns noch in den Fünfzigern mit 55 bis 58 Pferdestärken. Genießer schwärmen noch heute davon, was man aus zweieinhalb Litern Schönes machen konnte. In der Ruhe lag die Kraft.

Dann setzte das Pferde-Rennen ein. So mancher Zeitgenosse fragt irritiert: Ja, wo laufen sie denn? Wohin laufen sie denn? Er war eben von gestern und hatte die zweispännige Kutsche noch fahren sehen. Der Glückliche. ■

Ein Oldie für die Dame

Weißer Flieder oder welker Löwenzahn?

Leicht wird es nicht sein, den Richtigen zu finden oder auch nur zu erraten. Will sie denn überhaupt einen? Das ist hier die Frage, die aber endlich einmal beantwortet werden muss. Wir wollen es wissen, und ich taste mich ran.
Man überreicht ihr Blumen, und sie haucht: Nein, sind die schön!
Sie sagt nein, aber sie meint ja, die sind schön. Frauen sagen erst einmal Nein, wenn sie Ja meinen. Wer wüsste das nicht? Und so geht es munter weiter: Sie schmiegt ihre Wange an die Blüten, steckt ihr Näschen in den Strauß und haucht ein entrücktes »Hmmmm« oder »Herrlich« – ob er nun duftet oder auch nicht. Und wenn sie einem dann zum Dank einen Kuss auf die Wange gibt, dann tut sie das auf einem Bein. Das andere winkelt sie an und hebt es hoch, als sollte der Schuh frisch beschlagen werden. Sie kennen diese Pose?
In Filmen und Werbespots gibt es überhaupt keine Frauen, die zweibeinig küssen. Ein Mann steht hingegen wie ein Baum. Muss er auch, denn sie braucht ja seinen Halt, einbeinig wie sie gerade ist. Und in Sachen Oldtimer braucht sie hoffentlich seinen Rat – oder etwa nicht?
Will sie überhaupt einen, das ist die Frage, die an dieser Stelle noch nie gestellt wurde. Ich frage sie ja nicht, ob sie gern mal mitfahren möchte oder ihrem Mann gern beisitzt, wenn er mit der Kiste spielt. Nein, ich will endlich wissen, ob sie selbst und eigenhändig einen Oldie besitzen und bewegen möchte, so wie unsereiner. Oder ob sie gar schon einen hat. Das muss endlich mal zur Sprache kommen.
Ich habe das Gefühl, dass die Frauen in dieser Hinsicht im Lieblingsblatt der Männer – in der *Motor Klassik* nämlich – zu kurz kommen. Ich kann mir auch

denken, weshalb das so ist. Als in Ehren korrodierter Autoschreiber habe ich über Jahrzehnte entsprechende Erfahrungen angehäuft. Es war niemals leicht mit ihnen. Sie schrieben mir, riefen mich an und befragten mich in TV-Diskussionen, zu welchem Wagen ich ihnen raten würde. Ich fiel jedes Mal darauf rein.

Ich schilderte wortreich den momentan auf dem Markt befindlichen für die Frau am Steuer bestgeeigneten Wagentyp. Alles, was er an Eigenschaften und Ausrüstung hatte, das der Nutzung durch Damenhand und weibliche Psyche entgegenkam, erwähnte ich in der blumigsten Sprache in dem Glauben, ihr damit wirklich helfen zu können. Und? Am Ende stand ich da wie ein Idiot.

Ich hatte sie enttäuscht. Von mir hätten sie das nicht erwartet. Sie meinten doch etwas ganz Anderes – einen knallharten Spider etwa. Oder einen Jeep. Sie wollten kein weibliches Auto, eher etwas zum Dreschen und Knüppeln und Herzeigen.

Das Fach oder den Haken für die Handtasche brauchten sie überhaupt nicht. Sie knallten sich und die Tasche einfach so rein.

Automatik? Igitt! Am liebsten einen Schaltknüppel in der Größe und Härte eines Besenstiels. Ein Sicherheits-Auto?

Das forderten sie für ihre Männer – nur die knallten ständig gegen einen Baum oder so. Man las es täglich. Da ging es nie um eine Frau. Bei der bumste es höchstens mal beim Einparken. Was ist das schon? Ich schwöre, dass es so war.

Ich werde heute noch schamrot, wenn ich an meine öffentlich geäußerten Ratschläge denke. Einmal, im Fernsehen während der IAA, haben sie mich fast ausgepfiffen, diese Weiber, weil ich gefordert hatte, die Industrie möge doch endlich das Auto für die Frau bauen. Ich weiß noch, wie ich danach zum Fernseh-Regisseur sagte: »Aber einbeinig küssen, das können'se.«

Und ihr Auto möchten sie am liebsten barfüßig fahren wie die Sagan, die solche Sprüche in die Welt gesetzt hatte. Reiten wollen sie es, es soll ihnen gehorchen. Und dass es ihnen im Gegensatz zu ihrem Mann nicht widersprechen kann, sondern eher stumm aufgibt, das ist es doch! Na bitte, sind wir nun bei den Oldtimern oder nicht? Aber ja!

Es gibt doch unter den Neuwagen nur noch Weicheier, nur noch weißen Flieder, keinen welken Löwenzahn. Es gibt keine harten Gesichter mehr, keinen John Wayne in Blech, keinen James Bond, der auch so aussieht, nur Schönlinge und/oder Fuzzys.

Also muss ein Oldtimer her, meine Damen. Ist das endlich der richtige Ratschlag, zu dem ich mich in jenen Jahren

Die Frau – das unbekannte Wesen. Unergründlich sind ihre Wünsche, richtet sich ihr automobiles Begehren gar auf einen Oldtimer?

nie versteigen konnte, oder wussten Sie das schon? Oder denken Sie heute schon wieder ganz anders als damals, mehr Nein als Ja und wieder betont einbeinig und überhaupt? Ich bin ein Mann, ich kann es nicht wissen.

Sagen Sie es mir, schreiben Sie es uns, die wir endlich wissen wollen, ob sich auch Frauen einen Oldtimer wünschen – und welcher es denn im Ernstfall sein könnte. Oder ob sie gar längst unangeschnallt hinter einer starren Lenksäule sitzen und nicht nur die *Brigitte*, sondern auch *Motor Klassik* lesen. Von wegen »Zurück an den Herd!« – zurück auf den Ledersitz!

Meine Spaghetti kann ich selbst ins kochende Wasser werfen. ■

Veronika – der Lenz ist da

... die Roadster singen tra-la-la

»Moment mal«, würde der Mann vielleicht sagen, dem ich dieses Bild zeige, »das ist doch meine Urgroßmutter ...«
Könnte ja sein. Aber dazu müsste ich in Beaulieu in einem Bistro sitzen mit diesem Foto in der Hand. Der Mann meint das junge Ding am Steuer, nicht die Mama daneben. Sie hat bei Peugeot gearbeitet, weiß er, in der Verwaltung. Und sie war in Ettore Bugatti verknallt. Er soll ein fescher Bursche gewesen sein.
Wieso das, es ist ein Peugeot! Nun ja, eigentlich nicht. Es ist von vorn bis hinten ein Bugatti. Zwei Stichworte genügen: Der Motor hat zwei seitlich angeordnete Nockenwellen – ja, zwei! Und die Hinterachse stützt sich auf zwei Viertel-Elliptikfedern, die ganz gegen die gängige Gewohnheit vom Chassisende nach vorn weisen.
So verlängern sie zum Wohl der Straßenlage den Radstand, salopp ausgedrückt. Wären die beiden Hinterfedern »richtig herum« am Chassis angebracht, und Sie säßen drin in dem Auto, würden Sie es merken. Es würde spürbar härter hüpfen.
Robert Peugeot braucht einen neuen Kleinwagen, eben einen neuen Bébé. Den sollte Bugatti konstruieren, was er auch tat. Und wer war Robert? Einer der drei Neffen von Eugène – also ein Neffe von Armand. Aber das geht zu weit. Da haben Sie Recht. Die Marke hieß Lion-Peugeot, sie trug erstmals den Löwen vorne drauf. Mit Lyon hat das nichts zu tun. Der Löwe ist das Wappentier der Grafschaft Burgund.
Aber ich spreche ja eigentlich von der Urgroßmutter. Sie soll dem Leser anschaulich machen, wie alt so ein Auto wirklich ist. Als sie sich im Jahr 1913 in den Bébé setzte, war sie Mitte zwanzig. Was sagt uns das? Als sie 1888 geboren wurde, gab es das Automobil als solches

Es gab eine Zeit, lange vor den Youngtimern, beispielsweise als die Urgroßmutter noch mit dem Bébé unterwegs war.

praktisch noch gar nicht. Nun gut, es war zwei Jahre alt, aber wer hatte denn schon mal von ihm gehört?
Und nun, mit 25, saß sie drin und fuhr mit Mama ins Grüne. Es sah schon richtig wie ein Automobil aus, wenn nicht gar wie ein Roadster. Das muss gesagt werden, denn noch knapp davor ähnelten die Autos mehr den Kutschen. In einem Zweisitzer saß man nicht drin, sondern drauf – auf einer spartanischen Bank.
Jetzt also mit einem Motor von Ettore persönlich. Vier Zylinder in Reihe, an jeder Seite eine Nockenwelle, knapp 900 Kubik und 10 PS bei 2000 Umdrehun-

gen. Das spricht für den Meister. 60 Sachen waren drin. Damals für einen Kleinen nicht wenig.

Ach ja, die Urgroßmutter. Stellen Sie sich einmal vor, Sie wären 25 und im Jahr 1980 hätte es noch gar kein Automobil gegeben, von einigen Versuchsobjekten einmal abgesehen. Dann wissen Sie, wie Sie den Bébé betrachten müssen – einfach sensationell, wie er daherkommt. Alles schon dran, vier Zylinder, drei Gänge, Ballhupe, Azetylenlampen, Windschutzscheibe, die geschlitzte Motorhaube, ein Klappverdeck und den Kühler im Fahrtwind. Und zwei Nockenwellen. Das ist es, wir Oldie-Fans haben oft nicht das rechte Zeitgefühl. Wir sollten mehr in Generationen denken – Vater, Opa, Urgroßvater.

Wenn der Bébé auf einer Rallye so daherkäme, na ja, ein altes Auto. Sehen wir ihn mit richtigen Augen? Er fährt in der Kolonne mit, behindert sie nicht einmal, brummt, hupt, tankt Benzin, und wer sitzt drin – die Urgroßmutter.

Die vermochte noch nicht einmal »Veronika, der Lenz ist da« zu singen, obwohl ihr danach zumute war. Aber das Lied, so alt es auch ist, kam erst 17 Jahre später, 1930, als man an Stelle des Bébé den kleinen Dixi fuhr. Oder das Hanomag Kommissbrot. Hoppla, da sieht der kleine Peugeot von 1913 ja nicht mal alt aus. Im Vergleich zu Henrys T-Modell aus jenem Jahr ist er fast schon ein Auto von morgen.

Was soll das Ganze? Ich möchte nur andeuten, dass man die Oldtimerei – also die Geschichte des Automobils, wie wir mit ihr umgehen – etwas differenzierter betrachten sollte. Dieser und jener will schon mit den Youngtimern anfangen oder aufhören. Nicht doch, das wäre nur der halbe Spaß. Da ist viel mehr drin.

Wie die Urgroßmutter wohl hieß? Ich möchte sie Veronika nennen, also Veronique. Und wir sollten genau so vergnügt-verschmitzt wie sie in den Lenz fahren. Oder in den Mai oder Juni – Hauptsache, ins Grüne.

Und dabei ein bisschen an damals denken. Dann macht es erst richtigen Spaß. Und singen Sie doch mal aus voller Brust »Veronika, der Lenz ist da.«

Wissen Sie, wie kess dieses Liedchen schon damals war, vor 75 Jahren? »... der Herr Gemahl sucht voller Schneid Anschluss an die Stubenmaid. Das macht der Frühling, das macht der Frühling ...«

Das ist dann das Sahnehäubchen auf dem Vergnügen.

Schade, dass unsere Autos keine Ballhupe mehr haben. Denn die Lichthupe nützt in diesem Fall überhaupt nichts. ■

Ach ja, die Roadster ...

Ich fuhr sie damals, als sie neu waren. Und ich schrieb über sie, als sie von Limousinen umzingelt waren und man von der Getriebe-Automatik zu schwärmen begann.

»Roadster werden geliebt, und Liebe macht blind. Ein Sportwagen-Test ist so etwas wie der Versuch, jemandem eine flotte Blondine einreden zu wollen, die nicht mal kochen kann, ohne auch nur im Geringsten zu ahnen, dass der Betreffende eigentlich eine treusorgende Hausfrau sucht.«

Das schreibe ich von mir ab. Es ist Gedankengut von 1963. Und dieses auch:

»Roadster-Fahrer sind wie eigensinnige Kinder. Und mit denen soll man nicht über ihr Spielzeug streiten, es führt zu nichts.«

Der kluge Mann sagt: »Ei, was hat er denn da für einen schönen Spitfire, so schön rot, und auch noch schnell, ei-ei-ei, ist der aber prächtig!«

Und wehe, man palavert: »Ja warum hat er denn aber keinen MGB, der ist noch schneller und ...« – dann gibt es Ärger, dann läuft der Knabe rot an und schreit los. Am Ende wirft er gar mit Gegenständen oder mit Leserbriefen.

So war das damals. Es war nicht ganz ungefährlich, einen Sportwagen-Vergleichstest zu fahren. Nicht wegen der Straßenlage, sondern wegen der Leser. Man erwarb zwangsläufig Freund und Feind auf einen Streich. Und wenn man, wie ich, auch noch bekennt, ein MGB-Typ zu sein, dann frisst einem hinterher kein Hund mehr ein automatisches Getriebe aus der Hand. Das war ein leichtfertiges Bekennerschreiben. Ein Porsche-Club schickte mir daraufhin eine Postkarte mit einem Strichmännchen drauf und dem Text: »Der Busch ist doof!«

Das kommt davon, wenn man im Motodrom von Modena mit dem MGB bessere Rundenzeiten fährt als mit dem Porsche Super 90, der aus den Kurven fliegen wollte, die der MGB gar nicht ernst nahm, und wenn man auch noch darüber schreibt.

Ich lebte damals gefährlich, auch deshalb, weil ich solche Ungeheuer bewegen musste wie den ersten nach Europa gelieferten Sting Ray. Der schlug sämtliche auf dem Markt befindliche Briten-Roadster um Längen, und zwar in allen Disziplinen. Er war zwar kein Roadster, aber er benahm sich viel schlimmer.

»Man muss abends, so nach 800 bis 1000 Kilometern oder nach einigen Stunden Stadtfahrt, im Hotel das Kupplungsbein ganz hochlegen und sich vom Zimmermädchen oder einer mitgebrachten Dame essigsaure Umschläge aufs Knie legen lassen. Es ist so dick wie ein Fußball. Nach vier Tagen Rom und um Rom herum hatte ich einen derartigen Muskelkater in allen Gebeinen, dass ich das Campariglas nur noch mit den Zähnen anheben konnte. Und ausgerechnet in dieser Verfassung kriegt man einen ungefähren Begriff davon, wie viele Mädchen es auf der Welt gibt, die neben einem sitzen wollen. Die Via Veneto ist überfüllt von ihnen. Zwecklos, der Sting Ray frisst den ganzen Mann auf vom Scheitel bis zur Sohle. Was am Abend übrig bleibt, ist ein Pflegefall.«

Er holte aus 5,4 Liter Hubraum 360 SAE-Pferde (und das im Jahr 1963), er hatte Federwege von der Kürze des in der US-Army gebräuchlichen Bürstenhaarschnitts, und seine vier Trommelbremsen mit Metallbelägen waren sich niemals einig, was, wann und wie viel zu tun sei. Zwischen Antwerpen und Rom soff er 25 Liter auf 100 Kilometer, und bei jeder Autobahn-Querfuge fand in seinem Lenkgetriebe eine Explosion statt. Und wenn man ihn in 6,8 Sekunden von null auf 100 hochjagte, riss der Lärmpegel den Leuten die Köpfe in den Nacken. Sie hielten Ausschau nach dem zu tief fliegenden Düsenjäger.

Ein ähnlicher Knochen war der Maserati 3500 GTI. Wenn er begann, die Autostrada aufzufressen, brach mir der Schweiß aus unter den Achseln, in den Handflächen und an den Fußsohlen. Da sehnte ich mich nach dem E-Type zurück, ein Brite zwar, aber bei aller Flegelei ein Gentleman wie Alec Guinness in der »Brücke am Kwai«.

Ich hielt mir damals einen Austin-Healey 3000 Mk I, weil ich mir den E-Type noch nicht leisten konnte. In ihm erholte ich mich nach den erwähnten Strapazen, und das will etwas heißen, denn er war in den Augen meiner Frau ein Folterinstrument mittelalterlicher Herkunft. Die Straßen waren noch längst nicht so glatt-

gebügelt wie heute, und alle paar Wochen blieb sein Auspufftopf in einem Schlagloch hängen.
Ach ja, die Roadster, die echten, nicht die von heute. So wie man einen Seemann an seinem leicht schwankenden Gang erkennen kann, so erahnte man an der Haltung des Mannes den Roadster-Fahrer. Seine Lendenwirbel waren stets etwas durcheinander, und im sichtlichen Bemühen, dennoch leichtfüßig aufrecht zu gehen, outete er sich, ohne es zu ahnen. Aber die Mädchen hatten einen Blick dafür, sie schossen sich zielsicher auf solche Typen ein.
Das mag auch der Grund gewesen sein, weshalb meine Frau den Healey nicht mochte. Sie bestand darauf, dass ich ihn gegen einen Cambridge eintauschte. Der war silbergrau, hatte rote Lederpolster und ein automatisches Getriebe. Ich trabte nun wieder wie ein Limousinen-Fahrer durch die Gegend, konnte aber auf Befragen mit der lässigen Bemerkung antworten: Ich fahre einen Briten.
Und da waren ja noch die Testwagen. Der Aston Martin »Goldfinger« zum Beispiel, den ich direkt von James Bond übernahm. In ihm wurde ich geschüttelt und war gerührt. Ich bekam den federnden Gang von 007, und meine Frau stutzte schon wieder.
Ei-jei-jei! War das ein hübsches Spielzeug ... ■

»An der Haltung des Mannes erkennt man den Roadster-Fahrer«: Austin-Healey.

Ein Hund mit 4-Motion

... dann aber bitte mit Cruise Control!

Erwin Friedhelm, ein Pensionär in den allerbesten Jahren, hatte beschlossen, seiner Frau Elsa einen Hund zu kaufen. Sie wünschte es sich so sehr, etwas zum Kuscheln und Streicheln zu haben, mit wedelndem Schweif begrüßt und mit großen Augen angehimmelt zu werden, dass er ihr diese Freuden bereiten wollte. Er selbst sah sich zur Erfüllung solcher Erwartungen nach vierzigjähriger Ehe in jeder erwähnten Disziplin außerstande – also musste ein Hund her.

Erwin Friedhelm konnte nicht voraussehen, dass er in der Tierhandlung von einem Mann erwartet wurde, der in dieses Geschäft erst noch hineinwachsen musste. Er war jahrelang Sales Manager in einem Autohaus gewesen, bevor er in die Zoologie einheiratete. Der Grund für diesen Entschluss rannte gerade, einen fliehenden Hamster verfolgend, mit mehrfach ausbrechendem Heck durch das ausgedehnte Ladengeschäft. Vom Design her war die Heckpartie zwar überaus gelungen, schien aber ohne Stabilitätskontrolle auskommen zu müssen, wodurch der Vorgang für den Betrachter noch an Reiz gewann.

Dennoch wandte sich Friedhelm nach kurzem Abschweif einem vierbeinigen, ruhendem Objekt zu, das ihn mit großen, erwartungsvoll blickenden Augen begrüßt hatte. Ein Hund für Elsa?

Der Verkäufer Mike Short, so nannte sich Michael Kurz seit dem Tag, als er die Bezeichnung Automobilverkäufer abgelegt und durch Sales Manager ersetzt hatte, stand bereit – er war ohnehin auf Standby. »Wir haben ihn auch in Candy-White, dieser hier ist Wheat-Beige. Wird neuerdings gern genommen.«

Friedhelm war irritiert und stammelte, dass er ihm genau in diesem hellen Braun besonders gut gefiel. »Ganz, wie

Sie wünschen, zumal der Ton doch mehr in Snow-Beige hinüberpendelt und somit Ihrem sogenannten hellen Braun noch näher kommt.« So begann es. Es ist nicht möglich, das Verkaufsgespräch in voller Länge wiederzugeben, aber einige Highlights sollen doch erwähnt werden. So sei diese Rasse ein Eye-catcher und Womanizer und besonders als Forfor geeignet, sodass auch die Kinder lustvoll damit spielen könnten. Ach, keine Kinder? Dann benutzen Sie ihn doch als Fortwo, was besonders viel Freude bereitet. Sehen Sie nur, wie er da hochklettert, ein richtiger 4Motion, im Ernstfall fährt er die Spikes aus, dann ist kein Ohrensessel vor ihm sicher.

Aber er beschäftigt sich auch hinreichend selbst, wofür wir ein umfangreiches Entertainment-Package anbieten können. Dazu gehört auch der berühmte Gummiknochen, um ihn mal so zu nennen. Wenn er dann größer und die Tempovorgaben an der Leine nicht einzuhalten bereit ist oder gar trotz gewünschtem Geradeauslauf ausbrechen will, hilft die Cruise Control, also das Halsband mit den spitzen Stacheln inside. Die Leine gibt es in Sensitive-Leder, sehen Sie hier, in einem markanten Granite-Green zum Beispiel.

Und keine Sorge mit der Wartung. Den After Sales Service übernimmt in enger Absprache mit uns der Doktor Smith von nebenan. Das Scheckheft kriegen Sie von uns. Aha, der Tierarzt, denkt Erwin

»... kurz- und krummbeinig und mit einer Ausstrahlung wie ein Hanomag-Kommissbrot«.

Friedhelm. Sah er doch vorhin durch dessen Tür eine Dame schreiten, die einen hochbeinigen SUV an der Leine führte, der sie leicht bis in die vierte Etage hätte ziehen können. Aber der After Sales Service ist im Parterre.

Friedhelm brummte der Schädel. Peinlich war ihm das Ganze auch, zumal es dem Sales Manager nicht entgehen konnte, dass er des Englischen nicht besonders mächtig war. Er wollte doch nur einen Hund kaufen. Wie konnte er ahnen, dass sich dieser Typ vom Kfz-Mechaniker zum Mechatroniker und vom Verkäufer zum Sales Manager hochgejumpt hatte und ihm lieber einen SRT, GTB oder einen Ram verkauft hätte. Oder gar einen Offroader.

Also verließ er das Tierparadies mit der Begründung (auf Befragen), er habe den Hund weder bellen hören noch mit dem Schwanz wedeln sehen. Der habe wohl zu wenig Power!

Er wusste zwar nicht, woher ihm dieses Wort zuflog, aber er war mächtig stolz darauf, es gebraucht zu haben. Er ließ einen Sales Manager zurück, der von einigen Zündaussetzern gebeutelt wurde, zumal ihm der fliehende Hamster gerade ins linke Hosenbein kroch.

Auf dem Heimweg stieß er rein zufällig auf ein Tierheim, wo er verweilte, um sich die Auslagen zu betrachten. Und siehe da, ein kleiner Kesser, ebenso kurz- wie krummbeinig, zweifarbig und mit einer Ausstrahlung wie ein Hanomag-Kommissbrot, gefiel ihm derart, dass es ihn fast umhaute. Der wedelte auch sofort mit dem Schwanz und gab einige Hup-Töne von sich.

Und dann der Betreuer! Der redete mit Erwin Friedhelm wie ein rechtschaffener Gebrauchtwagenhändler. Es fielen Worte wie »aus erster Hand« und »topgepflegt« und »wenig gelaufen«. Das war an dem Tag, als Elsa Friedhelm ausrief: »Wir nennen ihn Goggo!« Der Kleine erinnerte sie so sehr an das Auto, in dem sie ihre Hochzeitsreise gemacht hatten. Mit einem umfangreichen Entertainment-Package auf dem Dachgepäckträger, bestehend aus Zelt und Luftmatratzen, Wolldecken, einem Spirituskocher und einem Federballspiel.

Damals sagten Kleinwagen-Verkäufer, nach der möglichen Kraftentfaltung des Objekts befragt, solche Sätze wie: »Der geht ab wie die Feuerwehr!« – und alle hielten das für ein Verkaufsgespräch. Das war, als unser Oldtimer auf allen Vieren vom Band lief, der H-Nummer entgegen. ■

Querfeldein im Mondenschein ...

Vom Reiz der Nachtfahrten im Irgendwo

Ein offener Wagen sollte es schon sein, denn der Kopf muss frei stehen im Zauber der Nacht, mit Augen, Ohren und den Nüstern, und mit dem ganzen Feeling, das im Hirn stattfindet.

Diesen Rat kann ich dem Leser geben, ihn kann er befolgen. Aber die Gegend, in der es stattfinden soll, das »Irgendwo«, dazu ist von meiner Seite aus guter Rat teuer.

Ich kann ihn doch nicht nach Puno schicken. Puno in Peru, am Titicacasee. Er wäre dann von Arequipa hinauf in die Anden gefahren, ins Irgendwo. Bis zu 5000 Meter hoch in einer unheimlich schönen Nacht, nach der man sich am nächsten Tag zurücksehnt, wenn die Höhensonne, die am Titicaca die Haut auch der Einheimischen verbrennt, den kalten, bleichen Mond abgelöst hat. Er hatte die Bergstrecke so ausreichend beleuchtet, dass man das Licht ausschalten konnte, um dem Zauber näher zu sein und die Lamas nicht zu erschrecken und den Kondor kreisen zu sehen oder ihn aufzuschrecken von seinem Mahl, das tot auf der Straße liegt.

Nun ja, solche Dinge sind das Optimum. Muss aber nicht sein, es genügt auch, nachts auf irgendwelchen fremden Straßen im Mondschein von A nach B zu fahren, nur wissend, wo A war, aber nicht, wo B sein wird. Das Irgendwo spielt schon eine Rolle. Weiß man alles über B, ist es nur halb so schön. Die Nacht ist kühl, aber sowie man zwischen ein paar Häusern durchfährt, die unverhofft den Weg säumen, spürt man die Wärme, die ihre Mauern am Tag aufgesogen haben. Sie strahlen sie nun ab wie die Wände eines Backofens. Kaum ist man durch, fröstelt man wieder. Eine Handvoll Häuser genügt. Sie liegen da mitten in der Gegend wie die heißen

(Foto: Getty Images)

Backsteine, die unseren Großmüttern in eiskalten Winternächten das Bett vorwärmten. Vergessen? Nicht gewusst? So war es aber.
Dass man morgen in B sein wird, in irgendeinem B, erhöht den Zauber.
Wo kann man das noch? Unsere heimische Welt ist sehr eng geworden. Wer durch viele Irgendwos gefahren ist, der vermisst den Reiz der unbekannten Weite und die Überraschungen in den fremden Nächten. Was bewegt sich auf diesen Straßen, was erschrickt, wenn man kommt, welche Gefahr lauert, welche Weggabelung gibt Rätsel auf, wer sind diese Gestalten, die gebeugt auf müden Beinen vor sich hinstolpern, welche Tieraugen leuchten da am Straßenrand?
Im Irgendwo muss man allein unterwegs sein, ohne überholt zu werden, ohne Gegenverkehr. Schön war's, und schön wär's, wenn es noch ginge. Auf dem Balkan geht es bestimmt noch, auch mittendrin in Spanien. In Irland habe ich es selbst ausprobiert, auch in Bosnien und Montenegro. Aber so weit muss man wohl nicht fahren auf der Suche nach den einsamen Nebenwegen, und die vorgenannten Anregungen waren mehr für diejenigen gedacht, die in solchen Revieren ihren Urlaub verbringen. Gelber Sandstrand ist schließlich nicht alles.
Vor 60, 70 Jahren konnte man es noch in der Heimat erleben. Etwa nachts durch den Thüringer Wald oder die Rhön, woran ich mich sehr gut erinnere. Im offenen Viersitzer, Papa am Steuer, ich mit wohligen Gruselgefühlen auf dem ledernen Rücksitz. Rehe und mächtige Hirsche, Füchse, Nachtvögel, auch mal ein Penner, der am Straßenrand seinen Rausch verschlief. Ab und zu ein paar Häuser, aber keine Wegweiser. An ihrer Statt grob behauene Kilometersteine und manchmal ein großer, etwa hüfthoch, auf den ein Pfeil gemeißelt war mit dem Namen des nächsten Ortes darunter und der Zahl der Wegstunden, die es noch zu gehen galt. Ja, man hatte noch in Wegstunden gedacht, als dieser Stein aufgestellt wurde. Das Automobil war in den zwanziger Jahren auf dem Lande eine seltenere Erscheinung, als wir das heute glauben mögen. Schon deshalb war man in der Nacht allein unterwegs.
Um diesen damaligen Normalzustand erleben und genießen zu können, müssen wir uns heute auf die Suche machen nach den »weißen Flecken« in unserer Umgebung. Alles wird nicht wiederbringlich sein.
Wenn man sich verfahren hatte mitten in der Nacht, und da war endlich ein Haus, hinter dessen Stubenfenstern ein Licht brannte, und man hielt an und stellte den Motor ab – was geschah dann? Die Petroleumlampe wurde gelöscht oder die Kerze ausgeblasen, die Haustür verriegelt und geschwiegen. Da half kein Klopfen oder Rufen, man war ein Frem-

der im Irgendwo. Ich habe es erlebt um 1930 herum in der Rhön. Und auch deshalb waren die bei meinem Vater so beliebten Nachtfahrten für den Bubi auf dem Rücksitz so schauerlich schön.

Danach sehnt man sich zurück, wenn man in der Verkehrsdichte gefangen ist. Deshalb habe ich es mir oft gegönnt, oder es fiel mir auf meinen Autoreisen irgendwo auf dem Globus von selbst zu, nachts auf einsamen Wegen unterwegs zu sein.

Versuchen Sie es doch auch mal, offen fahrend, alle Sinne auf Empfang, ohne Eile auf Seitenwegen querfeldein zu fahren. Es muss kein Nachteil sein, wenn man weiß, wo B liegt und wie es aussieht, denn man hat es vielleicht noch nie auf diesem Kurs erreicht.

Das Unentdeckte liegt oft gleich nebenan, aber wir leben auf eingefahrenen Gleisen daran vorbei.

So entgeht uns vieles. Bei Nacht unterm Sternenhimmel sieht ohnehin alles anders aus. Auch die Geräusche sind andere, die Luft schmeckt anders, und der Motor klingt anders. Er steht auf Nachtluft. Wenn er die ansaugt, dann ist ihm wie uns, wenn wir einen Prosecco trinken.

Aber eine helle Mondnacht sollte es schon sein ... ■

Mein Horror-Trip nach San Solara

Es ging um Leben und Tod, aber ...

Er drückte mir das Päckchen in die Hand und hatte Tränen in den Augen. Es war nicht größer als eine Schachtel Zigaretten, und auch sein Inhalt konnte tödlich sein, nämlich dann, wenn er sein Ziel nicht erreichte – die Fähre in San Solara. Mit ihr musste ich rüber zur Insel und seiner Frau das Leben retten. Die Fähre legt ab um siebzehn Uhr dreißig. Er gab mir sein bestes Auto – nagelneu, stinkteuer, mit allen Schikanen ausgerüstet. Noch ein Klaps auf mein linkes Schulterblatt und dreimal toi.

Ich raste los gen Süden. Er hatte mir genau beschrieben, wo San Solara zu finden sei. Außerdem könne ich, erst mal im Land, das Navi einschalten. Aber bitte, die Fähre legt ab um siebzehn Uhr dreißig.

Ich donnerte los. Eine Menge Gepiepse und Geblinke zeigten mir, dass das Auto guten Willens war. Ich auch. Er war mein

Freund. Wenigstens acht Stunden lagen vor mir, und zwei Stunden lang ging alles gut. Dann fiel das ESP aus.
Um Himmels willen! Ausgerechnet das ESP. Wo ich doch so oft rasant wieder einscheren musste, und die unzählbaren Kurven auf dem Weg nach San Solara. Die Tester von *auto, motor und sport* würden die Hände über dem Kopf zusammenschlagen, ein Auto ohne ESP? Minuspunkte satt!
Ich biss sämtliche Zähne zusammen, die echten und die falschen, und fuhr weiter mit gesträubtem Nackenhaar, aber keineswegs langsamer, denn die Fähre legt ab um siebzehn Uhr dreißig. Etwa eine Stunde lang ging alles gut. Dann der Horror: kein ABS mehr! Wie sollte ich jetzt bremsen? Wer schnell fährt, muss auch mal bremsen, und wie. Aber wie?
Alle Zeichen stehen auf »ABS ausgefallen. Fahren Sie sofort die nächste Werkstatt an!« Da kann ich nur lachen, wenn ich könnte. Die Fähre! Sie geht um siebzehn Uhr dreißig ab San Solara. Und die Frau ringt mit dem Tod. Und ich kann nicht bremsen. Oder doch? Ich riskiere es. Wage den Eiertanz ohne ABS und ESP, immer mit demselben Fuß auf dem Gaspedal.
Ich muss an den »Tod in den Wolken« denken. Im Flieger sind alle Instrumente ausgefallen, zudem versagt die Steuerung. Panik bricht aus. Panik kann ich mir nicht leisten. Außerdem würde es niemand hören, wenn ich kreische. Panik ist ja nicht das Einzige, was hier ausfällt. Na also, geht doch. Die Fähre geht auch, um siebzehn Uhr dreißig. Die Lage normalisiert sich.
Eigentlich schade, dass ich nicht nachts fahre. Aber auf dem Rückweg werde ich mich an der dynamischen Kurvenausleuchtung erfreuen können. Vorausgesetzt, sie ist bis dahin nicht ausgefallen.
Was in diesem Moment ausfällt, ist das Abstandswarngerät. Teufel auch, ich werde die Fähre versenken, wenn ich mich verschätze und ungebremst draufknalle. Wie soll ich nun wissen, wie weit sie noch von mir weg ist?
In dieser Reise ist der Wurm drin. Reise? Es ist ein Horrortrip. Von nun an muss ich stundenlang meinen Abstand zum Vordermann selbst einschätzen. Das zehrt an den Nerven.
Was ist denn hinter mir los? Sehen kann ich nichts, weil es das dynamische Styling nicht zulässt. Das Auto hat hintendrauf eine Art Rucksack, der mir die Sicht nimmt. Versuchen wir es mal mit der Rückfahrkamera oder wie das Ding heißt. Da ist der Knopf. Und nun? Sie ist ausgefallen, offenbar gekoppelt mit dem Abstandswarngerät. Ich habe es fast erwartet: Elektronische Hilfsmittel bilden eine Art Geheimbund. Wenn sie zuschlagen, dann gemeinsam und unerbittlich.
Ich bin diesem Monstrum hilflos ausgeliefert. Fehlt nur noch, dass ich ein Rad

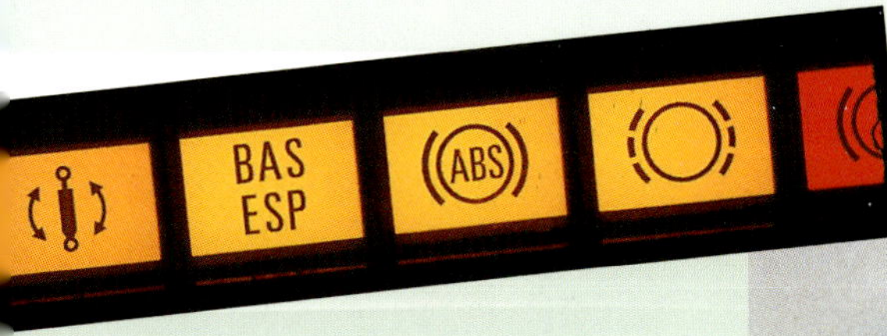

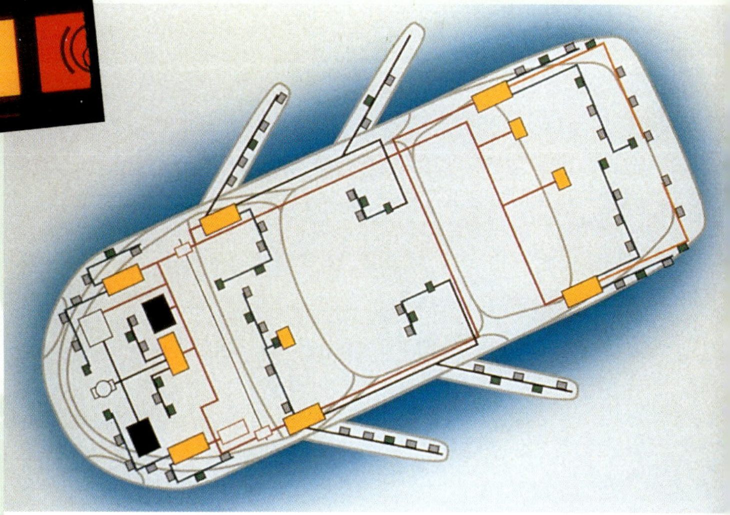

Elektronische Hilfsmittel bilden im Auto eine Art Geheimbund. Wenn sie zuschlagen, dann gemeinsam und unerbittlich.

verliere oder einen Platten kriege. Habe ich denn überhaupt genug Luft in den Pneus? Hätte ich ja vor der Abfahrt checken müssen. Aber es ging alles so schnell. Die Frau ringt mit dem Tod, und ich bringe ihr das rettende Medikament. Die Fähre geht ab um siebzehn Uhr dreißig.

Reifendruck? Klar, kann man hier ablesen. Nur den Knopf drücken. Denkste. Das Display bleibt dunkel. Ausgefallen. Es ist ein Neuwagen. Ihm fehlt wohl noch die erste Inspektion. Oder so. Keine Ahnung. Ist auch unwichtig, ich fahre einfach weiter und drücke nie mehr einen Knopf, nur die Pedale. Nun ist es soweit. Ich bin im Land. Wie komme ich nach San Solara? Ganz einfach. Das Navi einschalten. Ich versuche es. Und Sie wissen es: Das Navi ist ausgefallen.

Die Frau wird sterben! Ich habe versagt! Da naht die Rettung – ein vertrauter Signalton links von meinem Ohr. Links steht der Nachttisch. Und auf ihm steht mein Wecker. Man muss ihn abends mit der Hand aufziehen, er hat zwei große Zeiger. Man sieht auch ohne Brille, wie spät es ist. Kein Display kann sich mit ihm messen. Es ist sieben Uhr dreißig. Und San Solara ist weit.

Liane zieht das Rollo hoch. Die Sonne steht über dem Blumenkasten in OstSüdOst – Süden ist voll geradeaus durch den Kleiderschrank. Da irgendwo liegt San Solara.

Wenn wir mal wieder gen Süden fahren, etwa auf eine Fähre, sage ich: »Dann nehmen wir den Wagen mit der H-Nummer. Bitte erinnere mich daran.« Es soll ja Spaß machen, und man will ja auch ankommen.

Heute hole ich mit dem Ding sogar die Brötchen. Ich muss einen Albtraum vergessen. So geht es am besten.

»Sie wollen ihn mit Hupe? Das kostet extra!«

... sagte der Opel-Verkäufer und wedelte mit der Aufpreisliste.

Im Jahr 1909, ich war Landarzt in Thüringen, beschloss ich, mir ein Automobil zu kaufen. Bei Opel gab es den neuen kleinen Vierzylinder, den sie auch Doktorwagen nannten – und der sollte es sein.

Ich hatte schon das Scheckbuch gezückt und wollte den Kaufpreis von 4000 Mark eintragen, da fiel mir der Verkäufer in den Arm. »Aber halt, nicht so schnell. Wir müssen doch noch den Kaufvertrag machen«, sagte er und raschelte mit einigen Papieren.

»Sie legen Wert auf die Hupe? Ich empfehle die mit Schlauch und Sieb. Sie kostet 30 Mark.« Ich stutzte zwar, aber im Glauben, dass dies der einzige Aufpreis sei, nickte ich nur stumm. Die Hupe war unverzichtbar. Was einem damals so alles über den Weg rannte, wenn man über Land fuhr.

Ich sagte so etwas wie »also gut« und rückte mein Scheckbuch erneut zurecht. Aber da widersprach er schon wieder, indem er das Verdeck erwähnte. Was denn? Er stand doch da mit Verdeck, als ich gesagt hatte »ich nehme ihn« – und was nun?

Er empfahl mit das Verdeck aus Vachette-Leder, weil das Segeltuchverdeck manchmal nicht ganz dicht sei. Es kostete knapp 300 Mark mit Riemchen zum Aufspannen.

Und das Auto ohne Verdeck? Er wieherte wie mein Pferd, das ich verkauft hatte, um es durch den Opel zu ersetzen. Und erinnerte mich daran, wie oft ich wohl bei Regen unterwegs sein müsste, um zu einer Gebärenden zu eilen. Oder so. Ich war fast sprachlos bis auf die wütende Bemerkung, dass es hier wohl schlimmer zugehe als bei den Rosstäuschern. Das schmerzte ihn keineswegs. Stattdessen begann er, mit einer Liste zu wedeln, die er die Aufpreisliste nannte. Ich hatte bei flüchtigem Hinsehen den Eindruck, dass sie sehr lang sei, und rief: »Wir sind doch nicht im Jahr 2000!« Aber da sprach er bereits über die »Scheibe am Stirnbrett«, die gerade ich als Landarzt ... Sie kostete 125 Mark. Lieber Leser, Sie müssen diese ganzen Zahlen mit fünf bis zehn multiplizieren, wenn Sie zu einem ungefähren Kaufkraftvergleich kommen wollen. Die Flasche Korn kostete 60 Pfennige.

»Aber wenn Sie wirklich geschützt sein wollen, müssen Sie die Variante ›mit Leder bis zum Stirnbrett‹ nehmen für 175 Mark, sonst hält sie höchstens den Wind ein bisschen ab.« Er zeigte keinerlei Schamgefühl, bot mir aber einen Wacholder an und eine Zigarre.

Im Augenblick reizte mich nur der Wacholder, mir wurde schlecht. Ich sagte »Prost!« und »Das wär's dann also«, aber da schenkte er mir schon in weiser Voraussicht den nächsten ein und rief voller Zuversicht: »Fahren wir also fort«. Das hätte ich mit meinem Opel gern getan, aber ohne Scheinwerfer? Was denn, wie denn?

Fritz B. Busch im Opel Doktorwagen unterwegs

»Nun ja, Sie werden doch auch mal nachts unterwegs sein müssen, und da sollten Sie schon Licht am Wagen haben. Ich empfehle Ihnen die Scheinwerfer mit Entwickler für 150 Mark, alle beide.«

Rechnen Sie mal nach, lieber Leser. Wenn sie den Betrag nur mal fünf nehmen – dann sind das schon 750 Euro nur fürs Licht am Opel. Da lobe ich mir die Flasche Korn für 60 Pfennige.

In Amerika baute Ford gerade das T-Modell, serienmäßig mit Licht und für den halben Opel-Preis. Ich war aber nicht rechtzeitig ausgewandert. Also nahm ich das Licht und den dritten Wacholder.

Er wirkte schmerzlindernd und wohl auch ein wenig beflügelnd, denn ich erwarb widerstandslos eine Reserveradhalterung für 30 Mark. Wenn Sie wüssten, wie viele Hufnägel damals herumlagen.

Und die vordere Nummernschildhalterung war mit 5 Mark fast geschenkt gegen die notwendige Nummernschildbeleuchtung hinten. Die schlug mit 75 Mark ins Gesicht, äh, zu Buche. Auf vieles habe ich dann verzichtet, aber um den Wagenheber für 20 Mark kam ich dann doch nicht herum.

Weder die Gepäckgalerie noch den Auspufföffner und den Schirmkorb mit Dekkel noch den Werkzeugkasten auf dem Trittbrett habe ich mir gegönnt. Da wären nämlich weitere 135 Mark fällig gewesen. Und als er mir den Lichtbogen-Kronenzünder für 6 Mark andrehen wollte, lehnte ich mit der Bemerkung ab, dass wir zu Hause schon einen Kronleuchter hätten. Ich verstand nur noch Bahnhof.

Das ermutigte ihn, mich darüber aufzuklären, dass die Bereifung eigentlich eine Nummer zu schwach sei und ich »stärkere Gummireifen gegen Aufpreis« haben könne. So stand es in seiner Liste. Aber da konnte mich auch der vierte oder fünfte Wacholder nicht umstimmen. Ich blieb standhaft, zumal ich saß. Das Ausfüllen des Scheckformulars machte zwar einige Schwierigkeiten. Doch es gelang mir gerade noch, obwohl ich bei der Zahl 4785,— die Schreibfeder mehrfach ansetzen musste und beinahe das Tintenfass umgestoßen hätte. Schließlich hatte ich mit 4000 gerechnet. Aber ein Landarzt war in jenen Tagen froh, wenn er nicht bei jedem Notruf das Pferd anspannen musste. Damals kamen noch weit mehr Kinder zur Welt als heute. Vor allem nachts.

Der Opel reichte mit seiner Konstruktion zwar nicht allzu weit in die Zukunft, seine Aufpreisliste hingegen schon. Die kann sich mit ihren 30 Positionen auch heute noch sehen lassen. Woraus erhellt, wie weit die deutsche Automobil-Industrie schon vor hundert Jahren ihrer Zeit voraus war.

Dass ich meinen Doktorwagen später gar mit Doppelbeleuchtung ausrüstete (siehe Foto), ermöglichte es mir, so geschwind durch die Nacht zu rasen, dass ich nie zu spät am Ort des Geschehens eintraf. Die Acetylenlaternen am Stirnbrett für 125 Mark waren so etwas wie vorauserdachtes Blaulicht. Und ich war der Notarzt.

Was hat man im Lauf der Jahre nicht schon alles erlebt ... ■

Wo bitte geht's hier nach Turin?

Was machen wir in diesem Sommer? Wir verfahren uns mal. Nicht aus Versehen, sondern unserem Hobby zuliebe ...

Am Ende eines unbekannten Weges könnte ihr Oldie am Ziel sein, da, wo er eigentlich hingehört. In seiner Welt, in der er damals lebte. Das ist mein Tipp für Ihre künftigen Ausfahrten.

Für die Saison 2000 gibt es viele Pläne, und die meisten laufen aufs Kilometermachen hinaus. Nicht wenige auch mit Zieleinlauf und Pokal. Aber muss man ihn denn immer da hintreiben, wo sich die Menschen und die Autos von heute tummeln? Wird man ihm damit gerecht, geht Opa etwa in die Disco?

In der Garage umschmücken wir ihn gern mit den Blechschildern von damals, den alten Öldosen und Werkzeugen, damit er sich wohl fühlt. Und draußen soll er Auto von heute spielen. Bremsen und Anfahren im Stop-and-go-Verkehr, Mithalten mit den um Jahre und Jahrzehnte Jüngeren. Das geht ihm spürbar auf den Geist und auf die Mechanik. Da nützt es gar nichts, dass wir uns »zeitgerecht« kleiden. Das ist dann nur die halbe Wahrheit.

Keine Tankstelle, keine Kneipe: Busch mit Fiat Zero im Piemont.

Also rechts raus auf der Suche nach den Zeugen seiner Zeit. Gewiss, es kommt auf den Jahrgang an. Aber wer mit dem geschulten Motiv-Blick durchs Land fährt, der findet für jede Modellgeneration das passende Ambiente. Vor allem aber macht das Suchen Spaß! Es ist sogar eine sinnvolle Beschäftigung, weil wir dabei wieder sehen lernen. Die Welt besteht nicht nur aus Leitplanken und den Rücklichtern des Vordermannes.

Dieses Foto zum Beweis. Ich irrte im Piemontesischen herum. Genoss schmale, rumpelige Sträßchen, die von keinerlei Gebots-, Verbots- und Hinweisschildern gesäumt waren. Kreuzungen ohne Wegweisung. Keine Tankstelle, keine Kneipe. Ein angepflockter Esel stattdessen, einsam, wie vergessen. Schmale Brücken über Bewässerungsgräben, hinter mir eine einsame Staubwolke, meine eigene.

Und dann dieser Bauernhof. So echt und unverfälscht wie der Fiat Zero 1914. Das sind die Höhepunkte im Leben eines Oldtimer-Fahrers. Sein Auto hat heimgefunden. Haben wir den Fotoapparat dabei?

Ich habe Übung darin, seit ich in den Sechzigern mit meinem »Schlepperblick« über Land fuhr. Es war jener, der mir half, ausgediente Traktoren zu entdecken. Von manchem lugte nur ein Rad aus einem Schober, und schon war ich bei ihm. Und erschauerte nicht selten in Ehrfurcht und wohliger Bewunderung vor seinem »Elternhaus«, dem, für das er sein Leben lang geschafft hatte. Da war so manches noch wie er. Sich treu geblieben. Auch der Bauer, mit dem ich dann vor dem Haus auf der Bank saß, um ihm seinen Traktor abzuquatschen. Über ein Dutzend Mal ist es mir gelungen, und heute kommen die Söhne und Enkel vom Bauern in mein Museum, um den Schlepper wieder zu sehen, mit dem der Opa geschafft hat.

Wir müssen uns auf der Suche nach der alten Zeit nicht auf die Route 66 begeben. Das ist zwar unheimlich in, aber sie liegt auch vor unserer Haustür und wartet darauf, entdeckt zu werden. In den Fotoalben unserer Eltern finden wir die Vorbilder. Wo knipsten sie damals ihr Auto? Gibt es das Motiv noch? Was fanden sie fotografierenswert auf ihren Ausflugsfahrten? Seien wir nicht zu anspruchsvoll, sie waren es ja auch. Es genügen die drei mürben Steinkreuze am Wege, die davon künden, dass hier im Dreißigjährigen Krieg ein Fuhrmann mit seinen zwei Söhnen erschlagen wurde. Es genügt die Schlängelkurve bergwärts mit Blick auf die Ruine Greifenklau, und das alte Wirtshausschild vom Goldenen Ochsen, unter dem Opas Weltkugel-Taunus parkte, und der Wirt stand auf den Steinstufen und lachte in die Kodak Retina. Das Motiv gibt es noch immer.

»Sie sind ein Romantiker, mein Lieber.«

Na und, würde ich sonst Oldtimer sammeln? ■

Reiseziele von einst

Hoch aktuell, weil vollkommen oldtimertauglich

Die Saison ist da. Also nichts wie weg! Planen Sie Ihre Oldtimer-Reise und starten Sie bald. Stehen Sie nicht an Flughafenschaltern Schlange, bewegen Sie Ihren eigenen Steuerknüppel Richtung Süden. Da liegen sie, die Reiseziele von einst, und sie haben nichts von ihrem Reiz verloren.

Dieser Geschichte liegt ein Prospekt über Bus-Reisen zugrunde, der vor gut siebzig Jahren gedruckt wurde. Zum Beispiel:

»Frühjahrsreise an die Riviera, Abfahrtstermin 31. Mai 1936, zehn Tage für 145 Mark.

Die Route: Von Stuttgart an den Vierwaldstätter See. Dann über den Gotthard ins Tessin. Motorbootfahrt zur Isola Bella. Dritter Tag Turin, Stadtrundfahrt. Dann durch die Seealpen ans Mittelmeer. San Remo. Weiter an die Französische Riviera, Nizza und Monte Carlo. Über die berühmte Corniche. Danach 150 Kilometer unbeschreiblich schöne Küstenfahrt nach Alassio. Dann Genua mit großer Stadtrundfahrt. Und heimwärts zum Comer See. Maloja-Pass, St. Moritz. Am letzten, dem zehnten Tag, über den Julier, Rast am Bodensee, und heim nach Stuttgart.«

So viele Namen, die dem Kenner auf der Zunge zergehen. Eine von zwölf Reisen, und Dankschreiben dieser Art:

»Alle unsere Erwartungen wurden weit übertroffen.«

»Wir sind direkt vom Glück überhäuft worden, prächtiges Wetter, ein herrlicher Wagen und ein äußerst zuverlässiger Chauffeur, der den Bus vorbildlich meisterte.«

Er fuhr den Bus aus den Dreißigern sicher über alle Pässe – oben drüber, nicht unten durch. Das kann unser Oldie doch auch.

Wenn er so vor der Tür steht, kann's losgehen. Der Katalog von damals weist den Weg: Unterwegs auf alten Straßen und Autobahnen – Alpentunnel sind tabu.

Wann starten Sie? Ich war da schon. Und weiter bis Neapel, weiter bis zur Costa Brava. Mit Oldies von damals. Der jüngste war mein offener 170er-Diesel OTP von 1951 mit allem Drum und Dran – mit Wohnwagen, Schlauchboot, Außenborder und so weiter.

Aber damals in den Dreißigern, bei den Nazis, ging das denn überhaupt? Auch deshalb hat der alte Katalog seinen Reiz. Keine Probleme. Meine Eltern fuhren mit ihrem 20 PS starken Opel auch überall hin und schrieben die aufregendsten Ansichtskarten. Ich machte es ihnen nach, Jahrzehnte später, und noch immer, auch mehrmals mit dem 29er Opel.

Und Ihr Oldie, wie viele gute alte Pferdchen hat denn der?

Wagen Sie es. Lassen Sie den Sechszylinder in der Garage, fahren Sie im Morgengrauen mit dem Oldie los. Sonnenaufgang, die Vögel zwitschern, es riecht

nach Benzin und Leder, nach Öl und Gummi. Die Thermosflasche frisch gefüllt, die Stulle geschmiert. Ja, gefrühstückt wird oben auf dem Bernhardino und natürlich auf dem Trittbrett.

Lassen Sie Tante Frieda getrost nach Mallorca fliegen. Was ist das schon?

Choke raus, Starterknopf rein. Ja, er kommt auf Anhieb. Sportmütze und Brille auf. Gang rein und ab. Das Abenteuer wartet.

Ich fahre nur auf den alten Straßen. Autobahnen sind tabu, Alpentunnel auch. Nein, noch keiner hat beim Erklimmen der Passstraßen gekocht. Aber oben lasse ich sie erst mal verschnaufen. Sie riechen heiß, gewiss, es knackt und knistert im Maschinenraum. Man hat das Gefühl, den Berg »bezwungen« zu haben, gewissermaßen eigenhändig. An den Rändern noch Schneereste, an den Hängen die Murmeltiere, die einem manchmal nachpfeifen. Oben ist es kühl – Lederjacke an. Das Verdeck bleibt offen. Tief atmen und weit in die Runde blikken, da unten liegt der Süden. Da wollen wir hin. Heute noch bis Locarno oder Stresa ...

Schön ist auch der Weg über die Route Napoleon nach Monte Carlo. Dort Kaffee trinken im Café de Paris und »Leute gucken«. Ein Erlebnis auch Portofino, übernachten in Santa Margherita. Oder im Motel in der Camargue. Draußen unterm Vordach ruht sich der Wagen aus. Es riecht nach Pferden, man hört sie wiehern. Und schließlich freut man sich auf den Morgen, wenn es mit einem Auto weitergeht, dem man abends noch einen Klaps auf die Flanke gibt. Gut gemacht, Moritz.

Nun flechte ich mal eine »Dienstreise« ein. Der Alfasud wurde vorgestellt. In Neapel. Einladungen an die deutschen Journalisten, Flugticket anbei. Neapel, Sorrent?

Mein Gasbein juckt. Die Ford-A-Limousine, Baujahr 29, hat gerade den TÜV passiert. Wir packen ein Köfferchen und starten im Morgengrauen. Natürlich kommen wir pünktlich in Neapel an, allein auf weiter Flur. Die andern fielen einem Streik der Alitalia-Piloten zum Opfer. Nur der alte Ford verkehrte fahrplanmäßig, wir hatten Zeit für Capri und Sorrent.

Und die Heimfahrt führte wieder einmal über Portofino. Immer, wenn ich einen Alfasud sehe oder etwas über ihn lese, muss ich daran denken. Mein Ford ist im Gegensatz zu ihm noch immer rostfrei und fahrbereit.

Unterwegs wie vorgestern, das ist es. Aber bitte nicht breit bereift und tiefer gelegt, klimatisiert und navigationsgesteuert. Die Karte liegt auf den Knien der Beifahrerin oder sie steckt griffbereit in der Türtasche. Es gibt noch mehr Gasthäuser am Weg und auf der Passhöhe, als es sich der Autobahnraser träumen lässt. Wir wissen es und freuen uns drauf.

Fliegen Sie meinetwegen irgendwohin und legen sich an den Pool. Die Bedienung soll da super sein. Viele Menschen sind Asche, ohne je gebrannt zu haben. Und es werden immer mehr.

»Tschüss«! Frau Müller winkt. Sie gießt die Blumen und versorgt den Kanarienvogel. Wir werden ihr ein paar Ansichtskarten schreiben.

Es ist alles wie damals und besser als heute.

Man muss es nur machen. ■

Wie viel PS hat ein Pferd?

»Das ist doch Betrug, diese Karre hat niemals die Kraft von zehn Pferden!«, rief unser Nachbar, der sich 1930 einen gebrauchten Hanomag gekauft hatte, das Kommissbrot.

Es war sein erstes Automobil, und er kam gerade von dem Versuch zurück, gemeinsam mit einem Stammtischbruder den Inselsberg zu erklimmen, was dem Hanomäxchen »mit letzter Kraft« gelungen sei.

Beide Herren mögen zusammen viereinhalb Zentner gewogen haben, und damit war der Kleine nur knapp überladen. Vier Zentner durfte man reinpacken, das sind 200 Kilo, aber damals sprach man eben von Zentnern, wie man auch von »10pferdigen« und »20pferdigen« und natürlich auch von »50pferdigen« Automobilen sprach. Und weil das Pferd noch allgegenwärtig war, nahm man solche Kraft-Ausdrücke durchaus ernst. Das Brauereipferd etwa galt als Synonym für höchste Kraftentfaltung. Man kann seine Leistungsfähigkeit noch heute auf dem Oktoberfest bewundern. Es ist mit einem Drehmomentwert gesegnet, den nur der bulligste Turbodiesel auf die Räder zu stellen vermag.

So konnten dem in jenen Tagen nicht umfassend aufgeklärten Autokäufer die unter der Motorhaube scharrenden Pferdestärken schon mal spanisch vorkommen. »Alles Reklame«, räsonierte unser Milchmann, dessen Pferd Lotte hieß und imstande war, sonntags eine Kutsche mit sechs Personen von beachtlicher Leibesfülle plus einem Fass Bier in flottem Trab hinaus ins Grüne zu befördern – mit nur einer Pferdestärke. Andererseits war die Bereitschaft hoch, sich beim Kauf eines

Kraftwagens mit wenigen Pferdestärken zu begnügen, weil man sie beim Prospektstudium noch in Form von Rössern vor sich sah.

Nur, wenn wir unseren offenen Opel auf 80 Sachen hochgejubelt hatten und uns der Fahrtwind die Mütze vom Kopf riss, glaubte ich ihm die 20 Pferde, zumal uns dabei nie ein Pferdefuhrwerk überholte. Aber am Berg? Da verlangte er doch vorschnell nach dem ersten Gang.

Schon als Knabe dachte ich deshalb über Pferdestärken nur mit gehobener Augenbraue nach. Und die physikalische Formel, die mein Lehrer auf Befragen hinsichtlich der im Motor schlummernden Pferdekraft von sich gab, klang so abstrus, dass ich sie auf der Stelle verwarf, zumal der Lehrer nur ein Fahrrad besaß.

»Was schreibst du gerade?«, fragt meine Frau. »Ich versuche, herauszufinden, wie viele PS ein Pferd hat.« Und ich weiß, dass dieses Bemühen ihre Zustimmung findet. Wir hatten nämlich vor Jahren einen Ponyhengst auf der Koppel hinterm Haus, der partout nicht zu bändigen war. Bevor wir ihn endlich kastrieren ließen, verfügte er über die Kräfte von wenigstens zwei indischen Elefanten. Sogar der Hufschmied ging mehrfach zu Boden.

Als Pony hätten ihm aber schätzungsweise nur 0,6 Pferdestärken zur Verfügung gestanden, so viel wie dem Velo-Solex meiner Tochter. Die Verwirrung war deshalb groß, und ich versprach Weib und Kind, eines Tages für Aufklärung zu sorgen.

Nun endlich fand ich Zeit, in mein Archiv hinabzusteigen, um mit Hilfe mühseliger Ausgrabungen das Ur-Geheimnis um die Kraft des Pferdes zu lüften.

Im Jahr 1927 kam die Wahrheit heraus. Zwei sächsische Zuchthengste, organisiert im Reichsverband der Kaltblutzüchter, bewältigten eine »Lastfortbewegung« von 340 Zentnern, das sind 17 Tonnen oder 17 000 Kilo, bewegt von zwei Pferdestärken. Aha!

Der kleine Hanomag könnte also, weil ihm zehn Pferdestärken zur Verfügung standen. 85 Tonnen fortbewegen, wenn man ihn nur ließe, oder?

Nein, es reicht nicht ganz. Ein jeder dieser Kaltblüter war laut damaliger Berechnung 15 Pferdestärken stark. Somit war ein PS im Geschirr gleich 15 PS, und die beiden Brauereipferde auf dem Oktoberfest wären höchstens durch einen 30-PS-Schlepper zu ersetzen.

Und unser Ponyhengst? Meine Frau will es noch immer wissen, aber ich bin so klug wie zuvor. Er war kein Kaltblüter und nur ein halbes Pferd, und er riss Zäune ein, deren Pfosten mit einer Ramme gesetzt worden waren. Im Grunde war er ein Monster, und über Monster finde ich ebenso wenig Unterlagen wie über indische Elefanten, von denen er

Mutti, was sagste nun? Papi, fahr bloß nicht so schnell! Der wackelt ja. Das ist der Wind, Mausi.

auch laut zähneknirschender Aussage des Tierarztes zwei zu ersetzten vermochte.
Ich vergleiche ihn mit jenem elf PS starken Schlepper in meinem Museum, der schon 1937 auf ebener Bahn 170 Zentner und bei zehnprozentiger Steigung 80 Zentner (Zitat aus dem Prospekt von Lanz/Aulendorf), also achteinhalb beziehungsweise vier Tonnen bewegen konnte. Ohne Last am Haken verfiel er mühelos in den flotten Trab eines Pferdes.
Dass die BMW-Isetta als Kommissbrot späterer Jahre gar um ein bis zwei PS stärker war als er, mag ich hier gar nicht in die Waagschale werfen. Die Verunsicherung des Lesers dürfte schon groß genug sein, und nun ist der nächste Unfug schon manifestiert in Form der Leistungsangabe in Kilowatt. Ist das nicht die Kraft aus der Dose? Ich kenne niemanden, dessen Kabel von der heimischen Steckdose bis San Remo reicht.
Das Beste wird sein, man veröffentlicht diese Geschichte im April. Wie stehe ich sonst da? ■

Die Gretchenfrage: Wie viele Pferde ersetzt ein Hanomag?

Als der Chevy meine westindische Hütte rammte …

Kennen Sie die Gegend? Die Inseln sind von oben gesehen so klein wie Flugzeugträger, und gegen so manches ihrer Flughafengebäude ist die heimische Gartenlaube ein Terminal. Erst müssen Sie aber mal hinkommen. Also, das war so …

Es ist wohl vierzig Jahre her. Damals klapperte ich die Westindischen Inseln ab. Man bezeichnet sie auch als Niederländische Antillen oder »die Inseln unter dem Winde«. Mag sein, dass man heute auch dort auf Pauschal-Last-Minute-Touristen trifft. Schon deshalb fliege ich da nie wieder hin. Aber damals, vor vierzig Jahren, als es dort noch so war wie hundert Jahre zuvor, reiste man noch für sich allein. Und wie!

In Caracas kletterte ich in eine DC 3. Das ist eine von denen, die sich noch, wenn sie unten sind, auf den Hintern setzen. Da hocken sie auf einem einsamen Spornrad und schauen mit der Nase schon mal witternd in den Himmel.

Die DC 3 ist neben der Ju 52 für mich so etwas wie der Ford A der Lüfte. Ein Kerl von einem Flugzeug. Man muss, nein man darf da noch alles selbst machen. Und in der Passagierkabine spürt man noch, dass die Kiste fliegt. Heute ist das ja eher wie Busfahren auf höherer Ebene.

Ich weiß, hier geht es um Oldie-Reisen auf vier Rädern. Das kommt noch, nur Geduld. Zunächst kann ich es mir nicht verkneifen, den Piloten zu erwähnen. Er hatte rund um die Hakennase ein Heer von Pockennarben und ein Gebiss wie ein Pferd. Dazu war er gut sechseinhalb Fuß hoch. John Wayne hätte sofort auf ihn geschossen. Alles sehr Vertrauen erweckend, bis auf eine verräterische Cockpit-Tür. Die schlug je nach Flugzustand und Turbulenzen mal auf und mal zu wie ein riesiger Fächer. Und bei »auf« wehte stets eine Whisky-Duftwolke über die Passagiere hin, dass einem das Wasser im Munde zusammenlief. So viel zum Käpt'n.

Er sollte zunächst auf Bonair runter, auch Flamingo-Island genannt, aber er traf die winzige Insel nicht auf Anhieb. Beim zweiten Anflug erwischte er nur einen kümmerlichen Rest der Landebahn, die an der Brandung endete – was ihn zu einer Vollbremsung bewog, die sämtliche Gepäcknetze entleerte.

Okay, ich war nun da. Das Flughafengebäude hatte die Größe und Bauweise ei-

Foto: Flug Revue

ner Baracke, und die Boden-Stewardess machte das nebenberuflich, denn Bonair wurde damals nur zwei Mal pro Woche angeflogen. Gleich nach der Landung zog sie den Schlüssel ab und die Uniform wieder aus. Aber ob mit oder ohne – sie sah hinreißend aus.

Und ich folgte ihr spontan, weil ihr Vater der Einzige auf der Insel war, bei dem man einen Mietwagen chartern konnte.

Da sind wir beim Thema. Es war ein Chevy, unten babyblau, oben weiß, aber doch schon Ponton. Die ewigen Salzwinde hatten emsig an ihm genagt. Man bekam ihn, ohne sich irgendwie ausweisen oder seine Fahrtüchtigkeit belegen zu müssen. Der einleuchtende Grund war, dass man von dieser Insel ohnehin nicht türmen konnte – ob mit oder ohne Chevy, ob Mietpreis bezahlt oder geprellt. So erläuterte mir der Papa mit dröhnend-fröhlicher Stimme die Gegebenheiten. Ich mag solche vereinfachten Umstände auf Reisen, und im Leben überhaupt. Aber wo findet man sie heute noch?

Mit dem Chevy, den man auf Kurs halten musste wie einen Kutter in aufgewühlter See, durchstreifte ich die Insel. Ich wollte zu den Flamingos und kam da auch hin, doch nur knapp wieder heil zurück, denn hinter mir brach die Brücke zusammen, die ich soeben passiert hatte. Der großvolumige Sechszylinder mag sie bei dreitausend von Schüttellähmungen geprägten Umdrehungen zerstört haben.

Ich fand ein Quartier. Ein wohl nicht grundlos auf die Insel emigrierter Amerikaner, der vom Aussehen und vom Geruch her der Bruder des Piloten sein konnte, hatte um seine Kneipe herum aus ziemlich lockeren Materialien ein paar Hütten errichtet, von denen ich eine beziehen konnte. Dort schien außer mir noch irgendein anderes Lebewesen zu hausen, das sich beim Betreten des Raums stets durch rasselnde Fluchtbewegungen bemerkbar machte. Ich habe es aber nie zu Gesicht bekommen, glaube jedoch, dass ich es nachts schnarchen hörte.

Gleich in der ersten Nacht geschah ohnehin etwas, das sich mit unserem Hobby in Verbindung bringen lässt. Ich weiß, ich muss beim Thema bleiben. Ein Motor sprang unversehens an, und ein Automobil rammte mit der Macht eines gewaltigen Drehmoments die Seitenwand, neben der ich mich erschöpft zur Ruhe gebettet hatte.

Ein Attentat? Ich floh ins Freie und sah das Rätsel sich lösen. Ich hatte den Chevi mit dem Gesicht zur Hütte geparkt und irgendeinen Gang eingelegt, weil die Handbremse keinerlei Wirkung zeigte. Vom Vermieter erfuhr ich anderntags, dass dies ein Fehler war. Man hätte einen Stein unterlegen oder die Batterie abklemmen müssen.

Denn in den frühen Morgenstunden, wenn es von See her stark aufbriste, bekam die Elektrik einen Feuchtigkeitskontakt, und der Chevi sprang tatendurstig an. Dem darauf folgenden Rammstoß war die Statik der Hütte kaum gewachsen, zumal die salzige Brise erst nach dem dritten Anlauf abflaute.

Ich legte die Batterie lahm. Beschimpfte beim Betreten des Raums das abermals lärmend flüchtende unbekannte Wesen und schlief erschöpft dem grauenden Morgen entgegen.

Drei Tage war ich auf der Insel gefangen, weil die DC 3 dann erst wiederkehrte. Doch es war eine schöne Zeit, weil auch die Boden-Stewardess unter chronischer Langeweile litt, wenn nicht nur der Flugverkehr lahmte.

Ich hüpfte weiter über ähnliche Inselchen nach Jamaica, wo sich hinter Spanish Town, also östlich von Kingston, der Mount Diablo nicht nur erhebt, sondern auch absenkt. Und genau da versagten an dem alten Ford sämtliche Bremsen, bevor links im Fußraum ein Schwelbrand ausbrach. Aber Beverly hatte glücklicherweise vorn rechts gesessen.

Wer meine Story »Die Reise nach Oche Rios« gelesen hat – sie steht in einem anderen meiner gesammelten Werke – der weiß, wer Beverly ist. Ich will das hier nicht noch mal aufwärmen. Es ist aber unbestritten, dass Oldtimer-Reisen in wildfremden, also fernen Ländern, von besonderem Reiz sein können.

In diesem Sommer bin ich in der näheren Umgebung mit meinem A-Modell Roadster unterwegs. Vor meinem Garagentor gibt es Österreich und die Schweiz. Palmen wachsen auch im Tessin. Und manches Mal, so behauptet Liane, hätte ich da so einen versonnenen Zug um die Mundwinkel.

Wahrscheinlich denke ich da gerade an die DC 3. ■

Ein Mann auf der Suche nach Gestern

Das Erlebnis Automuseum kann eine Oldtimerrallye nicht ersetzen

»Oldtimer gehören auf die Straße und nicht als Stehzeuge ins Museum. Es sind Fahrzeuge, verdammt noch mal!«

Diesen Spruch bekommt man immer wieder zu hören – meistens von einem, der sich mit seinem Oldie gerade mal auf der Straße befindet. Er hält sich in diesem Punkt für ungemein zuständig. Ich danke ihm, denn er hat mich zu der nachstehenden Kurzgeschichte inspiriert.

»Werte Herren! Ich bin froh, Ihre Anschrift bekommen zu haben, denn wie ich höre, könnten Sie mir bestimmt behilflich sein. Ich besaß Mitte der 50er Jahre eine Isabella von Borgward, das schönste Auto, das je gebaut wurde. Und weil ich häufig von diesem herrlichen Wagen schwärme, möchten ihn meine Enkel einmal sehen. Aber wie und wo? Es heißt, Sie können mir einen Tipp geben. Hochachtungsvoll Sebastian Sumpf, Kleinwurmsen, Eimergasse 5.«

»Sehr geehrter Herr Sumpf! Ja, wir können. Es gibt da einen Herrn Flimser in Unterfurt. Er besitzt eine solche Isabella und fährt mit ihr jeden zweiten Samstag zu seiner Mutter, die ihm die Wäsche wäscht. Sie wohnt in Hinterfurt, zwischen Unter- und Oberfurt. Wenn Sie sich mit Ihren Enkeln einmal samstags auf diesem Streckenabschnitt auf die Lauer legen, könnte es klappen, dass Sie Ihre geliebte Isabella zu Gesicht bekommen.«

»Werte Herren! Nun habe ich vier Samstage lang von früh bis spät mit meinen

»Nun habe ich vier Samstage lang an der Strecke gezeltet, aber die Isabella nie zu Gesicht bekommen!«.

Enkeln an besagter Strecke gezeltet, aber die Isabella des Herrn Flimser nie zu Gesicht bekommen. Es fuhr überhaupt kein altes Auto vorbei. Nur einmal ein VW, aber den kennt man ja zur Genüge. Was soll ich tun?«

»Lieber Herr Sumpf! Das ist uns aber peinlich. Was wir zu spät erfuhren, ist dieses: Herr Flimser ist verzogen. Er wohnt jetzt in Kleinsimpeln in Niederbayern. Die Adresse liegt bei. Seine Mutter, die ihm die Wäsche wäscht, lebt hingegen weiterhin in Hinterfurt. Vielleicht ist es Ihnen ja möglich, mit Ihren Enkeln einmal im Raum Kleinsimpeln der Isabella des Herrn Flimser aufzulauern. Er fährt ab und zu damit herum. Viel Glück und mit vorzüglicher Hochachtung.«

»Werte Herren! Vielen Dank für Ihre Mühe, von der ich aber keinen Gebrauch machen kann, denn nach Niederbayern komme ich so gut wie nie. Nun wäre es aber möglich, dass Sie mir doch helfen können. Als ich die Isabella besaß, war mein Traumwagen das Isabella Coupé in Creme mit roten Kunstledersitzen und Heckflossen. Meine Enkel würden es fast noch lieber sehen. Können Sie mir noch einmal helfen?«

»Lieber Herr Sumpf! Da haben Sie ins Schwarze getroffen. Nach unseren zuverlässigen Informationen nimmt der Besitzer eines exakt solchen Wagens am 28. dieses Monats an der Oldtimerrallye ›Rund um den Ziegenberg‹ teil. Start der Fahrzeuge um 8 Uhr in der Frühe vor der Senffabrik. Also auf! Das ist ja ganz in Ihrer Nähe.«

»Werte Herren! Ja, wir waren da. Nicht aber der Herr mit dem Isabella Coupé, cremefarben mit roten Kunstledersitzen und Heckflossen. Wie wir hörten, hat der Herr einen Riss im Zylinder, und zwar im dritten und im letzten Moment. So ein Pech. Es war nur ein Borgward da, ein Goliath mit nur drei Rädern. Ich konnte meine Enkel kaum beruhigen. Trotz allem Dank für Ihre Mühe. Ich suche weiter.«

Die Sekretärin der werten Herren, ein Fräulein Ilona Hitzig, deren augenblicklicher Zeitvertreiber einen Triumph Spitfire fährt, konnte es nicht mehr mit ansehen. Sie verriet Sumpfen ohne Absender die Anschrift eines Oldtimermuseums »ganz in Ihrer Nähe«, von dem sie mit an Sicherheit grenzender Wahrscheinlichkeit wusste, dass es eine Isabella und ein Isabella Coupé beherbergt.

Sumpfens Rettung!

Und weil da nur Stehzeuge waren, im Traumzustand wie ladenneu, gut ausgeleuchtet, als stünden sie in Sumpfens besten Tagen im Schaufenster, konnten sie sich alle genüsslich an ihnen satt sehen und Sumpfens unversiegbare Begeisterung nachvollziehen. Genau, so muss das damals gewesen sein, als Opa Sebastian die Nerven verlor und sechsunddreißig Wechsel unterschrieb.

Anschließend gab es auf der Terrasse noch einen Eisbecher zu der Melodie »Komm ein bisschen mit nach Italien, komm ein bisschen mit ans blaue Meer ...« Es war ein richtig schöner Tag.

Nur als sie draußen vor dem Museum in ihr Auto steigen wollten, hörten sie einen Herrn, der von seinem Fahrersitz aus lauthals in die Runde dröhnte, sagen: »Oldtimer gehören auf die Straße. Als Stehzeuge im Museum haben sie nichts zu suchen.«

Er fuhr ein Käfer-Cabrio in Silbermetallic, tiefer gelegt. Mit Alu-Felgen, Breitreifen und einem Sportlenkrad.

Und an ein solches konnte sich Sebastian Sumpf nun überhaupt nicht erinnern. ■

Oh Henry

Eine Begegnung, die man nicht vergisst

Neulich traf ich Henry Ford. Es war reiner Zufall. Er saß im New Yorker Central Park auf einer Bank in der Sonne. Auch ich war zum Luftschnappen in den Park gegangen und nun auf dem Rückweg zum Plaza Hotel.
Kaum dass er mich erblickte, winkte er mich zu sich. Seine Geste war unmissverständlich: Ich möge doch neben ihm Platz nehmen.
Aber ja, gern! Ich wollte ihn schon immer einmal kennenlernen. Denn ich bewundere ihn, den Meister der genialen Vereinfachung. Nachdem ich zwei bis drei Ausgaben der *Motor Klassik* beiseite geschoben hatte, konnte ich mich neben ihn setzen und wollte mich vorstellen. Aber er erstickte mein Bemühen im Keim, indem er abwinkte und mich mit den Worten verblüffte: »Ich kenne Sie doch, Sie sind der Mann mit dem A-Roadster de luxe in Washington Blue ...«
Ich hatte einen kurzen, aber heftigen Zündaussetzer, bevor ich die Worte herausbrachte: »Und ich besitze auch noch ein T-Modell und einen Fordson-Schlepper.«
Er nickte ein überdeutliches »Ich weiß, ich weiß«, schlug ein Bein über das andere und legte den Kopf in den Nacken
Das ergibt den gedankenschweren Blick gen Himmel und verleiht der Antwort Gewicht. »Drei Richtige! Genau das, was ich immer gemeint habe.«
Ein Reporter der New York Times kniete vor uns nieder und versetzte seiner monströsen Faltenbalg-Kamera einen Klick. Ob ich auch mit drauf war? Scheinbar ja, denn er wollte das Baujahr meines Fordson-Schleppers wissen, bevor er verschwand.
Ich war verwirrt und stellte Mister Ford die dämliche Frage, wie er denn darauf gekommen sei, das T-Modell zu bauen. »Er hat Sie gemeint, nicht mich«, sagte Henry, indem er dem Reporter hinterherdeutete. (Ich muss mir morgen die Times kaufen!)
»Also, das war so. Eines Morgens im Frühjahr 1909 sagte ich zu meinen Leu-

ten, dass wir künftig nur noch ein einziges Modell bauen würden, nämlich das Modell T. Und dafür würde es nur ein Chassis geben mit zwei oder drei unterschiedlichen Bodys obendrauf. Obwohl sie mir fast einen Vogel zeigten, wurde ich noch deutlicher. Sie können es nachlesen in meinem Buch.«

»Mein Leben und Werk«, fiel ich ihm ins Wort. »Ja, das ist der Titel. So erschien es 1923 in Deutschland.« Ich zitierte: »Ich beabsichtige, ein Automobil für die Menge zu bauen. Es wird groß genug sein, um die Familien mitzunehmen, aber klein genug, dass ein Mann es versorgen kann. Es wird aus den allerbesten Materialien gefertigt und nach den einfachsten Methoden, die die Technik ersinnen kann. Dennoch wird der Preis so niedrig sein, dass jeder, der in Lohn und Brot steht, sich dieses Auto leisten kann, um mit seiner Familie Erholung in Gottes freier, reiner Luft zu genießen.«

Lieber Leser, das war lange vor »Kraft durch Freude«. Fünf Jahre vor dem Ersten Weltkrieg hat Ford den ersten Volkswagen gebaut, den allerersten.

Ich sagte es ihm, aber er wusste es schon – mir kamen seine Worte sehr bekannt vor. Die hatte doch einer nachgeplappert, Wort für Wort, Sinn für Sinn.

Wer war das? Ich weiß es natürlich, denn ich habe es damals miterlebt: Der schlug dabei mit der Hand aufs Rednerpult und tat so, als sei das seine Idee, die mit dem Wagen fürs Volk. Und das Volk jubelte. Ich auch. Nur mein Vater sagte: »Der spinnt. Die meisten können sich ja nicht einmal den Opel P4 kaufen für vierzehnhundert Mark.« Der Kerl am Rednerpult muss es gehört haben, denn er verriet voreilig den Preis seines Wagens – knapp unter tausend. Da lachte mein Vater.

Die Sonne schien uns nun nicht mehr in die Augen, und ich erkannte den, der da auf dem Kiesweg an uns vorüberschritt, auf Anhieb. Es war Thomas Alva Edison, der unter vielen anderen Geniestreichen mit der Erfindung der Kohlenfaden-Glühlampe dafür gesorgt hatte, dass uns endlich ein Licht aufging. Er winkte zu uns herüber und rief: »Es bleibt bei heute Abend? Lindbergh kommt auch!« Henry Ford winkte und nickte ein »Yes, indeed!« zurück und fragte mich, ob ich mitkommen wolle. Ich sei willkommen. Gerade, als ich begeistert zusagen wollte, fiel mir ein, dass ich mit Charly Chaplin verabredet war. Es ging um ein paar Gags für »Lichter der Großstadt«. Schade. Ein andermal vielleicht.

Ford und Edison waren dicke Freunde. Sie machten viele Camping-Touren mit diesem und jenem Ford. Zwei ganz Große, die man nie vergessen darf. Und Charles Lindbergh, der als erster Mensch nonstop von New York nach Paris geflogen war, würde wohl wegen der »Tri-Motor« kommen.

Ja, Ford baute nun auch ein Flugzeug, genau hingeschaut eine vorweggenommene Ju 52. Mit drei Motoren und Wellblechhaut, aber als Hochdecker. Was er da wohl alles vereinfacht und weggelassen hatte. Aber was und wie viel immer es auch gewesen sein mag – die Kiste ist niemals vom Himmel gefallen.
Nun waren wir also beim Weglassen. Er schilderte mir, wie er beim T-Modell um jedes Gramm weniger gerungen hatte. Sowohl durch konstruktive Geniestreiche als auch durch penible Auswahl der verwendeten Materialien. Er war ein erklärter Gegner jeglichen Totgewichts. Wogegen die Konstrukteure später jede das Auge beeindruckende, aber unnütze Masse förmlich anhimmelten.
»Wenn der Mensch selbst diese Masse mit der Kraft seiner Muskeln bewegen müsste«, sagte er, »würde er rasch für Erleichterung durch Minderung und Weglassen sorgen. Doch er überlässt es dem Motor, mit dem unnötigen Ballast fertig zu werden. Der benötigt dafür Größe, Kraft und Kraftstoff – und fordert seinen Preis. Die Wirtschaftlichkeit bleibt dabei auf der Strecke.«

Henry Ford starb am 7. April 1947 im Alter von 83 Jahren auf seiner Farm in Dearborn. In seiner letzten Stunde gegen 23 Uhr hatte ein Sturm den Strommast des Hauses geknickt. Nur einige Handlampen erhellten dürftig den Raum. Das war wohl ganz in seinem Sinn, denn wer sagt denn, dass man zum Sterben einen Kronleuchter braucht …

Wir wurden abgelenkt. Da schlenderten Greta Garbo und Marlene Dietrich über den Kies. Wir kamen aber nicht dazu, ihnen eine Bemerkung zu widmen. Das lag an der jungen Mutter, die wenige Schritte hinter den beiden ihr Baby vor sich herschob.
»Da haben Sie den Beweis«, rief Henry Ford mir förmlich ins Ohr. »Sie muss das Ganze selbst bewegen, und was macht sie? Sie wählt ein klappbares Gestell aus Alu-Rohren mit Segeltuch dazwischen. Das Baby sitzt vorn in Fahrtrichtung, und sie ersetzt die fehlende Knautschzone

durch aufmerksames Fahren. Sie benutzt ihr Gehirn anstelle von totgewichtigem Material.« Er wirkte richtig aufgekratzt. Deshalb erlaubte ich mir die lockere Bemerkung »Andererseits hat das Baby eine Knautschzone ...«, und er fiel mir förmlich ins Wort, als er rief: »... und die Mami auch!«

Da blickten wir uns beide fast erschrokken an, um aber gleich darauf in ungebremstes Gelächter zu verfallen, wobei ich mir zwecks Steigerung des Frohsinns auf die Oberschenkel schlug. Es knallte unüberhörbar – und hatte Schlimmes zur Folge: Meine Frau mischte sich ein!

»Nun ist es aber genug. Du weckst mich schon wieder auf. Komm doch endlich zur Ruhe!«

Ich war irritiert. Wie hatte sie es fertiggebracht, unser komplettes Ehebett mitsamt ihrer pinkfarbenen Nachttischlampe in den New Yorker Central Park zu bringen?

Sogar der Kleiderschrank war da. Und die zwei oder drei *Motor-Klassik*-Hefte, die ich zur Seite geschoben hatte, um neben Henry Ford Platz nehmen zu können, lagen auf meiner Bettdecke. Über den Kiesweg, diesen ganz und gar überdeckend, erstreckte sich unser weißer Flokati.

Ich war schockiert und wollte mich umgehend bei Ford für diesen Zwischenfall entschuldigen, aber er war schon gegangen. War ihm bewusst geworden, dass ich während des ganzen Gesprächs im Nachthemd neben ihm gesessen hatte? Oh Henry, es ist mir ja so peinlich! ■

»Sei sparsam, Brigitte ...«

»... nimm Ullstein-Schnitte!« Oder »Feuer breitet sich nicht aus, hast du Minimax im Haus.« Peng, das genügte. Das war Reklame. Da nagten die Fotografen noch am Hungertuch.

Auch die Grafiker kamen ohne Fotoapparat aus. Dafür konnten sie fantastisch zeichnen. Das Titelbild der Neujahrsnummer Ausgabe 1/1938 von *Motor und Sport* beweist es. So soll erst mal einer fotografieren können. Allein das flüchtende Huhn würde Schwierigkeiten bereiten.

Also beherrschten in jenen Tagen die Reimer und die Zeichner das Feld, wenn es um Werbung ging.

»Schreibste ihm, schreibste ihr, schreibste auf MK-Papier.« Unvergessen, also gut. So vermag ein schlichter Zweizeiler manch sündhaft teuren Werbespot an Erinnerungswert zu übertreffen.

Wenn sich im Haus aber kein Dichter fand, befahl der Reklamechef schlicht und zackig: »Deutscher, kauf deutsche Stoßdämpfer!« Das zog damals noch. Der Autofahrer knallte die Hacken zusammen und entschied sich für einen Satz Beissbarth. Das war in den Zwanzigern.

Weil sich daran aber außer mir kaum jemand zu erinnern vermag, versetze ich den Leser gleich in die Fünfziger und Sechziger. Das war die große Zeit der Prospektmacher. Für hochtrabend oder gar genial gestaltete Inserate war das Geld noch zu knapp. Aber in den Prospekten durfte geschwelgt werden. Ich schrieb damals:

»Wenn eine Dame im Nerz, aus dem Foyer des Königlichen Theaters tretend, auf einen Kabinenroller zuschreitet und dabei sichtlich den Eindruck erweckt, dass sie mit diesem auf- und davonzufahren gedenkt – das ist ein Automobil-Prospekt.«

Man platzierte auch Kleinstwagen neben der Gangway von Düsenclippern oder vor schmiedeeisernen Schlossportalen. Und anderswo packte der Page des Grand Hotel vier Überseekoffer in ein Heck, in das ich nur mit Mühe den Campingbeutel meiner Tochter dreschen konnte. Deshalb schreibe ich noch mal von mir ab:

»Einen Brühwürfel-Fabrikanten hätte man längst an seinen Hammelbeinen erwischt, wenn er bildlich vorführen würde, wie man aus einem Würfel für zwanzig Pfennige ein Menü für zwölf Personen macht.«

Alle Rücksitze, auch Fond-Sitze genannt, hatten im Prospekt die Länge von Pappelalleen, an deren fernem Ende eine reiselustige Person, meistens eine Dame, auf dem Radkasten hockte. Sie erweckte mit einladender Handbewegung den Eindruck, dass sie noch etwa ein halbes Dutzend Familienmitglieder erwartete.

Das ist es, was auch die besten Fotografen heute nicht hinkriegen. Ganz abgesehen davon, dass es ihnen keiner glauben würde. Doch wir wollten es damals den Zeichnern glauben. Wir waren ja noch so herrlich naiv, ohne zu ahnen, dass wir damit schon die erste Stufe auf dem Höhenflug zum Konsumidioten erklommen.

Aber der Wahrheit die Ehre: Es entstanden von Jahr zu Jahr bessere Automobil-Prospekte, meist gestaltet von begnadeten Zeichnern wie Gotschke und Stürmer, in denen die Objekte unserer Begierde wunderschön, verlockend und fast naturgetreu dargestellt wurden. Das »fast« bezieht sich darauf, dass sie eben doch größer, breiter, gestreckter und geräumiger daherkamen als im Schaufenster des Autohändlers oder gar auf der Straße. Aber das akzeptierte man unter dem Gesichtspunkt der künstlerischen Freiheit. Es galt, Wünsche zu wecken. Und das war in jenen Tagen die Aufgabe der Zeichner.

Sie arbeiteten in ihrem heimischen Studio und fabrizierten Träume. Und dann klemmten sie sich ihre Mappe unter den Arm und marschierten zu ihren Auftraggebern.

Das Verblüffende ist, dass der Zweck erreicht wurde. Der Kunde wurde informiert und auch gewonnen. So einfach war das, als es galt, sich für den Ford 17 M, den Opel Rekord, den Mercedes 220 oder das Goggomobil zu entscheiden. »Fahre Prinz, und du bist König!« Das reichte.

Es muss eine Million Jahre her sein, gemessen an dem, was man heute aufwenden und unternehmen muss, um uns zu verführen.

Mit dem Etat, den man heute für einen 30 Sekunden dauernden Werbespot zur Verfügung haben muss, hätte man damals einen 90-Minuten-Spielfilm drehen können, in dem das Schwarzwaldmädel oder der Förster vom Silberwald nahezu gratis in einem Opel Rekord oder einem Karmann Ghia quer durchs Bild fuhren.
Aber es muss Spaß machen und ungemein befriedigend sein, als Kreativer von Text, Foto und Film den heutigen Ansprüchen zu entsprechen. Ich kann ja nicht einmal fotografieren.
Doch könnte ich Verse machen im Stil von »Sei sparsam, Brigitte …«
Etwa: »Willst du an Nostalgie genesen, musst du *Motor Klassik* lesen.« Oder besser: »Willst du wissen, wie's gewesen …«
Danke, Herr Busch, das genügt, um Himmelswillen, hören Sie auf!
Klar, mach ich. Ende. ■

Wer war Edward Hopper?

Er malte die Welt, in der unsere Ami-Oldies lebten

Wenn wir uns bemühen, unseren Oldie besser zu verstehen, indem wir uns in die Zeit versetzen, in der er »lebte«, haben wir noch mehr Freude an ihm. Und er an uns. Das gilt für jeden Oldtimer.

Hier nehme ich mich der US-Oldies an – jenen aus den zwanziger bis fünfziger Jahren, die in eine ganz andere Welt hineingesetzt wurden, als es die unsere heute ist. Man saß abends vor dem Haus auf der Bank oder im Schaukelstuhl und nicht vor dem Fernseher.

Ich entsinne mich an ein vergilbtes Foto in dem Buch »The American Ford«. Es zeigt ein T-Modell bei einem Stopp an der Staatsgrenze zwischen Colorado und Utah. Ein windschiefes Schild sagt mit verblasster Schrift: »Willkommen in Colorado. 36½ Meilen zur Western Slope Garage, Grand Junction.«

Darunter am Pfahl der Kieferknochen eines Rindes als Richtungspfeil. Der Weg schlammig und zerfahren, die Trittbretter des Ford vollgepackt mit verschnürten Bündeln, die Kinder barfuß, die Mutter teilt in einem verbeulten Becher Trinkwasser aus.

Das Bild hat mich fasziniert. Vor Jahren habe ich versucht, den Punkt zu orten, an dem es gemacht wurde, und habe ihn gefunden. Es ist der Grenzübergang auf dem heutigen US-Highway 50 und der Nationalstraße 70.

Man kommt von Green River über Thompson, Cisco und Harley Dome zur Staatsgrenze. Die Straße verläuft parallel zum Colorado River und überquert ihn dann hinter Loma, 15 Meilen vor Grand Junction. Man möchte ihr folgen, in einem Ford. Ob Edward Hopper da auch mal war?

Jedenfalls könnten meine US-Oldies in seinen Bildern eine Rolle spielen. Sie würden gut hineinpassen: das T-Modell,

Tankstelle in den Dreißigern. Feierabend. Kein Motorengeräusch mehr zu hören. Der Tankwart klappt die Zapfsäulen zu.

die beiden A, der 27er Chevi, der 46er Hudson und der 51er Cadillac.

Edward Hopper, der 1967 im Alter von 85 in seinem Studio in New York starb, zählt zu den modernen amerikanischen Malern. Er reiste nicht nur nach Paris, wo sich jeder Maler einmal sehen lässt, und sei es nur der Biografie wegen, sondern er bereiste vor allem sein Land, die USA. Und zwar im Auto, quer durch den Mittleren Westen. Bis hinunter nach Santa Fé und rüber nach Mexiko – bei Nogales, wo ich auch rüber bin vor 30 Jahren, von Alaska kommend, Feuerland im Visier. Man muss nur alt genug werden, um etwas erzählen zu können. So einfach ist das.

Edward Hopper zog unterwegs immer mal die Handbremse und machte Skizzen: Ein Motel im Westen, eine Scheune in South Truro, einen Bahnübergang irgendwo da, wo sich die Straße und die Gleise nicht verlaufen können, weil sie schnurstracks zum Horizont führen.

Und eine Landstraße in Maine, einen Morgen in Cape Cod und einen ebensolchen in South Carolina, welch ein Unterschied!

Und einen »Sunday in the City«. Die Geschäfte sind geschlossen, ein Ladeninhaber sitzt vor seinem Schaufenster auf der Bordsteinkante, eine Zigarre zwischen den Zähnen, einsam. Die Straße wie leer gefegt. Die Ford und Chevy stehen wohl alle draußen vor der Kirche. So war das, nun wissen wir es. Edward Hopper beschönigt nichts.

Seine »Road in Maine« ist ein staubiger Weg mit den typischen amerikanischen Telegrafenstangen zur Linken, die wie abgestorbene Bäume aussehen, oben mit einer Querlatte für die Drähte. Da sieht man im Geist seinen Ford um die Kurve kommen. Da gehört er hin mit seinen hohen, dünnen Rädern und seiner krächzenden Hupe, dem Klaxon.

Er kostete damals keine 500 Dollar, als Zweisitzer nur 385. Aber es waren vor allem die Gebrauchten, die den Amerikanern auf die Räder halfen. Diese bestimmten das Bild der Landschaft und marschierten natürlich auch auf der Route 66.

50 oder 75 Dollar für einen alten Ford oder einen Chevy. Clark Gable fuhr allerdings einen Duesenberg. Ja, Hollywood gab es auch schon. Und Packard und Buick, Lincoln, Pierce-Arrow, Cadillac und Cord.

Aber auch einen heute nahezu unbekannten Billigkonkurrenten zu Ford und Chevy – den »Star« von der Durant Motor Company of New Jersey. Der hatte einen Continental-Motor unter der Haube, den damals jeder kaufen konnte, der Autos bauen wollte – er war etwa 400 Dollar billig. Zur gleichen Zeit kostete ein Duesenberg nicht weniger als 18.000 Dollar, ließ sich aber kaum je auf der Sixty-Six blicken.

Ich weiß nicht, was Edward Hopper fuhr. Nur einmal hat er es sich nicht verkneifen können, ein Stückchen Auto ins Bild zu rücken. Vor dem Motiv »Western Motel« (man blickt aus dem ebenerdigen Raum auf die Straße hinaus) steht ein Buick aus den Fünfzigern.

Zwei seiner Bilder haben es mir besonders angetan. Das eine nennt er schlicht Gas – also Benzin. Es zeigt eine typische Gas-Station aus dem Dreißigern, bei Nacht und wiederum einsam. Mobilgas immerhin. Der Tankwart scheint die Hoffnung aufgegeben zu haben, dass noch ein Auto vorbeikommt. Er klappt die Säulen zu, geht nach Hause und hört Radio.

Das Bild aber, das einen ganzen Roman, ja, einen ganzen Film zu ersetzen vermag, ist »Nighthawks«. Man muss es in ganzer Breite sehen und sich Zeit zum Betrachten nehmen. Welch eine Aussagekraft. Die riesige Glasfront erlaubt es dem Betrachter, sich ebenfalls an die

»Nighthawks« nannte er dieses Bild. Der Betrachter kann sich mit an die Theke lehnen und der melancholischen Stimmung der beiden Nachtschwärmer verfallen. Irgendwo draußen parkt der Hudson.

Theke zu lehnen und in die melancholische Stimmung der beiden Nachtschwärmer zu verfallen.

»Baby«, sagt er, »mir graut ein wenig vor dem morgigen Tag. Die Rate für meinen Super Six ist fällig, und ich kriege das Geld nicht zusammen. Ich hätte nicht den Hudson nehmen sollen. Ein Ford hätte es auch getan. Aber dieses Business-Coupé hat mich fasziniert. Da kriege ich alle Musterkoffer ins Heck und fahre nicht mit einem Station-Wagon vor. Wie konnte ich auch ahnen, dass die Geschäfte so schlecht gehen. Die Rezession ist vorbei, dachte doch jeder.«

»Noch 'n Kaffee, Sir?«

»Danke, nein.«

Und was sagt Baby?

Baby gähnt. »Es ist spät, John, lass uns gehen, zu mir.«

Na bitte!

Ein paar Münzen klingen.

Dann Schritte. Dann Stille.

Der Barmann macht das Licht aus. Schließen Sie die Augen! Sie sehen, wie die Dunkelheit von der Szene Besitz ergreift.

Und das Geräusch?

John hat den Motor gestartet, draußen auf der Greenwich Avenue.

Sechs Zylinder, dreikommaacht Liter, Seitenventiler, Langhuber, leise.

Nur der Anlasser ist ein bisschen laut. Vor allem nachts.

So ungefähr muss es Edward Hopper gemeint haben ...

Turnschuh oder Lackschuh?

Wenn Fortschritt weh tut ...

Es ehrt mich, wenn mich dieser und jener um meinen scheinbar unerschöpflichen Fundus beneidet, aus dem ich beim Schreiben schöpfen kann. Ich bilde mir darauf natürlich nichts ein, denn es waren meine Eltern, die mich so rechtzeitig ins Geschehen eingebracht haben, dass ich acht Jahrzehnte Automobilgeschichte miterleben konnte. Das war 1922.

Eine weitere Neuerscheinung in jenem Jahr war der Rumpler-Tropfenwagen. Er war eine Frühgeburt und nicht überlebensfähig. Das Automobil war ja erst vor drei Dutzend Jahren erfunden worden, der Papa Benz lebte noch.

Das Automobil war also noch so neu, als hätte es aus heutiger Sicht vor 1970 noch gar kein Auto gegeben. Welch ein Spaß, sich das vorzustellen.

Meine früheste Erinnerung will man mir partout nicht abnehmen. Aber ich weiß genau, dass die Hebamme nach Benzin gerochen hatte.

Spätere Recherchen haben ergeben, dass sie mit einem der ersten Fahrradhilfsmotoren angerauscht kam, die man auf dem Gepäckträger montieren konnte. Konstruiert von Hugo Ruppe, gebaut von DKW, Leistung ein bis eineinhalb PS, Keilriemenantrieb aufs Hinterrad. Da geht es schon los mit der Klugscheißerei, aber ich kann mich da unmöglich irren. So begann es jedenfalls.

Und meine Mutter hat ihr Leben lang behauptet, ich hätte schon »Auto-Auto« gesagt, als es in unserem Dorf (Möbisburg bei Erfurt) noch gar keines gab. Ich wusste es besser, aber ich habe ihr zwecks Förderung der Legendenbildung nie widersprochen. Hier lüfte ich das Geheimnis: Ich meinte unsere Katze. Die war nämlich eigentlich ein Kater und hieß Otto.

Wer also schon im Hanomag »Kommissbrot« saß, als es eine umjubelte Neuerscheinung war, und wer, unter einem nagelneuen Opel »Laubfrosch« liegend, seinem Vater nach Aufforderung den 14er-Schraubenschlüssel reichen durfte, der kann halt mitreden.

Und der darf, durch ein langes Leben voller Erfahrungen gewitzigt, auch mal warnend den Zeigefinger heben. Schon vor etlichen Jahrzehnten, als ich das Auto noch als schönstes Spielzeug des Jahrhunderts pries, schrieb ich: »Gerade, weil wir es lieben, müssen wir ihm ab

Alles im Blick, keinerlei Rätsel, und die Betriebsanleitung war 45 Seiten dünn. Opel Rekord A aus dem Jahr 1963.

und an auf die Finger hauen – damit es nicht auf die schiefe Bahn gerät wie so manches hübsche Ding!«

Es hat aber nichts genützt. Es ist auf die schiefe Bahn geraten. Heut will es uns weismachen, dass wir, um von Stuttgart nach München oder von Bienenbüttel nach Hamburg zu fahren, 200 bis 300 PS benötigen. Und dass wir, um standesgemäß im Stau stehen zu können, ein Dutzend elektronischer Hilfsmittel bezahlen und mitschleppen müssen.

Auch manche Karosserieform leidet unter einer Überdosis von Geschmacksverstärkern, die uns am Raus- und Rundumgucken hindern, was bei der aktuellen Verkehrs- und Parkraumenge eigentlich unverzichtbar ist. Bei mancher Limousine endet die Gürtellinie unter den Ohren der Fondpassagiere.

Für Abhilfe sorgen Abstandswarngeräte, Einparkhilfen und Rückfahrkameras. Da jubelt der Fortschritt, und der Nostalgiker schüttelt sich.

Ich erwähnte, als ich noch an den Nutzen solcher Ermahnungen glaubte, dass für mich die hohe Kunst des Konstruierens in der genialen Vereinfachung besteht. Von kostspieligen und komplizierten Umwegen habe ich nie etwas gehalten. Sie sind heute die Norm.

Ein simples Beispiel auf unterster Ebene: Wenn mir mein Auto verraten soll, wie spät es ist, sagt es mir das nicht mit Hilfe zweier Zeiger auf einem übersichtlich gestalteten Ziffernblatt, sondern: In Instrumentenbrettmitte ragt ein streichholzdünnes Stäbchen aus dem Blech, das ich drücken muss, sobald ich es während der Fahrt gefunden habe.

Dann erscheinen zum einen (schlecht leserlich) die momentane Außentemperatur, zum zweiten die zurückgelegten Tageskilometer, zum nächsten die Gesamtfahrstrecke und/oder die Strecke nach dem letzten Auftanken, und irgendwann die Uhrzeit. Habe ich meinen Zeigefinger und das suchende Auge lange genug beschäftigt, bin ich vielleicht schon im Graben gelandet.

Ich werde demnächst eine selbstklebende Uhr mit zwei Zeigern für drei Euro fünfzig auf das Brett vor meiner Nase kleben. Bin ich dann der Konstrukteur, den wir längst wieder brauchen? Ist diese Lösung patentfähig? Jedenfalls ist so manches Instrumentenbrett aus den Fünfzigern oder Sechzigern eine derartige Schönheit und Offenbarung, als ob uns die Monroe anschaut.

Jahrzehntelang war es möglich, wenn man sein Auto eben mal um hundert Meter versetzen wollte, weil man im Halteverbot stand, einen Freund um diese Gefälligkeit zu bitten. Man gab ihm die Schlüssel und blieb an der Schreibmaschine sitzen. Das geht heute nicht mehr. Denn wenn er die Betriebsanleitung endlich begriffen hat, ist das Auto längst abgeschleppt worden.

Autobauer und Autokäufer leben im Vollrausch. Sie bekommen nicht mit, was wirklich los ist. Wir und alles Weitere und Sonstige stehen kurz vor dem Kollaps, weil wir nicht gewillt und im Stande sind, einzuhalten.

Der amerikanische Bestseller-Autor Jared Diamond schreibt in seinem neuesten Buch, das den bezeichnenden Titel »Kollaps« trägt, auf einer der 700 sehr lesenswerten Seiten: »Für die 20 Kilometer von meinem Haus in die Innenstadt von Los Angeles oder zum Flughafen benötige ich heute eine Fahrzeit von einer Stunde und fünfzehn Minuten.«

Daraus resultiert ein Schnitt von 16 km/h – herausgefahren mit einem jener US-Autos, für die Spritverbrauch und Umweltbelastung noch immer Fremdwörter sind.

Aber auch hier zu Lande geht das PS-Rennen weiter. Und die Hausfrau benötigt nicht selten einen schweren Geländewagen, um im Supermarkt fünf Pfund Kartoffeln zu holen.

Wen wundert es dann, dass so mancher Oldtimerfreund und -Fahrer zum Bedenkenträger wird. Für ihn liegt es auf der Hand, dass es auch anders geht, unkomplizierter und mit ganz erheblich geringerem Kraftaufwand.

Nur zur Erinnerung: Ein Opel Rekord kam mal mit 55 PS aus und war doch ein komfortabler Reisewagen. Ein extremes Beispiel, gewiss, aber könnte man sich nicht, endlich wieder mal einen Schritt kürzer tretend, in der Mitte treffen?

»Ihr neuer Wagen?«

»Ja, er hat 225 PS.«

»Und was machen Sie damit?«

Wir sollten diese Frage öfter stellen, garniert mit einem leichten Grinsen – und auf die Antwort gesteigerten Wert legen.

Schön war die Zeit ...

... als es die offenen Tourer gab

Was die Karosseriezeichner zustande brachten, wenn es aufs Geld ebenso wenig ankam wie auf den vollkommenen Wetterschutz, das vermag uns noch heute zu begeistern. Ich denke an die offenen Tourenwagen und lasse mal die Roadster außen vor.

Kaum jemals gebärdete sich der Zeichenstift beschwingter als beim Entwerfen offener Reisewagen. So mancher Klassiker wäre mit starrem Dach erst gar keiner geworden.

Gewiss, man wollte damals sehen, wo und wohin man fuhr, und nicht geduckt in einer Schachtel sitzen.

Doch man wollte auch gesehen werden. Das konnte im Extremfall aber ins Auge gehen.

Den österreichischen Thronfolger Franz Ferdinand erwischte es ebenso wie den amerikanischen Präsidenten John Fitzgerald Kennedy. Beide boten ein gutes Ziel und wurden erschossen. Wenn beide jedoch in einer verhangenen Limousine durchs Volk gefahren wären, hätten sie auch gleich zu Hause bleiben können.

Schon Abraham Lincoln fuhr gern offen. Er kaufte sich in der Mitte des neunzehnten Jahrhunderts für 260 Dollar einen Buggy. So etwas gab es damals schon – nur musste man die Pferde extra bezahlen.

Und Präsident Harry S. Truman zog 1945 in einem 1939er »Sunshine Special« ins Weiße Haus ein. Welch ein Name! Wer baut endlich wieder einen »Sunshine Special«?

Welchen Wagen König Abdullah von Jordanien fuhr, weiß ich genau. Er stand mal in meinem Museum: Hoher Spitzkühler, silberne Auspuffschlangen, und auf jeder Seite ein Trittbrett für ein halbes Dutzend Leibwächter. Er wurde auch nie getroffen.

Nicht nur für ihn baute man in Stuttgart solche prächtigen Tourer. Sie fuhren auch ein Dutzend Jahre lang mit allerhöchster Besatzung durchs Großdeutsche Reich. Zu guter Letzt war es der Typ 770 K, der »Große Mercedes«. Rundum offen, aber keiner hat geschossen. Leider.

Beim Anblick solcher Automobile darf man durchaus ins Träumen geraten. Es sind ja schließlich Traumwagen. Ich denke mir einfach die Panzerung weg und den Zweiten Weltkrieg und lackiere ihn um, vielleicht in Beige. Und dann verpasse ich ihm noch helle Polster und das Verdeck in Schoko, bevor ich mit ihm nach Monte Carlo fahre. Damals, und mit Chauffeur.

Denn ich will hinten neben Lilian Harvey sitzen, dem blonden Traum jener Tage, als es die Monroe noch nicht gab. Es darf auch Marika Rökk sein. Wir tragen helle Staubmäntel, ebensolche Hauben und dicke Brillen. Im Röhrenradio singt Rosita Serrano, die eigentlich Maria Esther Aldunate del Campo heißt, »Roter Mohn«.

Und wie wir den Gotthard hinunterrollen auf Bellinzona und Locarno zu, trällert Ilse Werner, 23 Jahre alt, »Du und

Der Cadillac V12, Baujahr 1934, den Albers fuhr. Das Foto stammt aus dem Familienalbum und ist rückseitig beschriftet: Mutter und Schwestern sechs Wochen bei Hans.

ich im Mondenschein, das könnte so romantisch sein.« Der Mond wird uns in Ascona am Ufer des Lago Maggiore finden.

Stopp! Vergessen Sie das Wort Kitsch, aber bitte sofort, denn so träumte man damals. Die Traumfabriken standen nicht nur in Hollywood, sondern auch in Babelsberg, in Geiselgasteig und in Wien am Rosenhügel. Sie versorgten uns mit »Stoff«. Wenn wir aus dem Kino kamen, waren wir high. Für fünfzig Pfennige bis zu einsfuffzig.

Aus Hollywood kam alljährlich die »Broadway-Melodie«, ein Revue-Film in Fortsetzungen. Wenn Eleonore Powell die Treppe runtergesteppt kam und alles flimmerte und glitzerte, schluchzten die Saxophone und wieherten die Trompeten. Draußen fuhr ein großes, offenes Auto vor, um sie abzuholen.

Ein Duesenberg, ein Packard, ein Lincoln? Ich weiß es nicht mehr. Aber ich habe es bereits damals bedauert, dass sie im Abspann nie die technischen Daten der mitwirkenden Automobile bekannt gaben.

Einmal wirkte in irgendeinem Gangsterfilm ein Franklin mit, ein für den ahnungslosen Betrachter ganz hinterhältiges Automobil. Es hat vorn einen hübschen großen Wabenkühler mit einer Verschraubung obendrauf, in die man gut und gern zwanzig Liter Wasser gießen könnte, aber in den Waben wabert kein einziger Tropfen, weil sich hinter der Kühlerattrappe ein luftgekühlter Sechszylinder-Reihenmotor erstreckt. So musste Franklin das Publikum täuschen. Der Wagen verkaufte sich trotzdem schlecht. Nur Flugmotoren-Fetischisten flogen auf ihn. Auch Charles Lindbergh fuhr ihn, während Gangster lieber in einem Marmon türmten, der nicht weniger als 16 wassergekühlte Zylinder hatte. Aber auch hier gab es wiederum Nebenwirkungen.

John Dillinger, Amerikas »Staatsfeind Nr. 1« der frühen dreißiger Jahre, kam im entscheidenden Augenblick gar nicht dazu, die 16 Töpfe zum Laufen zu bringen. Er starb im Kugelhagel der FBI-Männer, als er eben aus dem Kino kam. Das war 1934 – und mit ihm starb auch Marmon. Der satte Klang des neun Liter großen 16-Zylinder-Motors war zum Schwanengesang der Marke geworden.

Auch Duesenberg war pleite. Die Weltwirtschaftskrise hatte sie alle umgebracht, als es in der westlichen Welt 30 Millionen Arbeitslose gab und 36 Millionen Automobile. Auch bei Cadillac stand gerade ein 16-Zylinder im Programm. Horch und Maybach brachten zeitgleich ihre Zwölfzylinder heraus, die aufs Reißbrett gekommen waren, als es nur noch aufwärts zu gehen schien. Merken Sie was?

Nur die Kinos profitierten von der Flaute. Es gab ja noch kein Fernsehen.

Das ist er: Al Jolson, der Sänger des »Sonny Boy« und des »Ol' Man River«, mit seinem offenen Mercedes vom Typ SS.

Al Jolson sang, pechschwarz geschminkt, das Lied vom »Sonny Boy«. Es war zum Schluchzen schön und ging um die Welt. Auch wir hatten zu Hause diese Platte – »mehr als mein Leben könnt ich für dich geben, du bist mein Glück, Sonny Boy.«

Ich weiß, es geht hier um den offenen Wagen. Aber das gehört doch zusammen – das Singen, das Träumen, das Fahren. Und nachweisbar mittendrin der offene Wagen.

Die »Drei von der Tankstelle«, was fuhren die? Mercedes. Offen. Spezialkarrosse im Stil des Kissel, USA.

»Liebling, mein Herz lässt dich grüßen ...«, sang hinterm Lenkrad die Harvey. Erlauben Sie mal, das soll ich vergessen? Ich habe doch schließlich im Radio gehört, wie Lindbergh einst in Paris landete. Und wegen des Arztes, der als einziger Doktor in unserer Stadt keinen offenen Wagen, sondern eine Limousine fuhr, bin ich beinahe umgekommen.

Zu ihm brachte mich meine Mutter, weil ich immer Bauchweh hatte. Der Mann fuhr einen Brennabor. Nichts gegen Brennabor, aber es war eine Limousine. Die anderen fuhren offen. Dieser wies mich ins Krankenhaus ein, wo sie mich so fehlerhaft narkotisierten, dass ich beinahe nicht wieder wach geworden wäre. Und hinterher sagten sie mir, es sei überhaupt nicht der Blinddarm gewesen.

So viel über den Brennabor, der nun wiederum den Doktor beinahe umgebracht hätte. Sein Auspuff hatte einen Riss, und die Abgase waberten durch die Bodenbretter ins Wageninnere. Der Doktor wurde ohnmächtig und fuhr gegen einen Baum. Mit einem offenen Wagen wäre ihm das nicht passiert. Aber mein Blinddarm war gerächt.

»Schöne Welt, du gingst in Fransen«, hieß es damals in dem Lied vom »schönen Gigolo«. Einen Gigolo konnte man damals, in den Zwanzigern, auf der Tanzfläche mieten, wenn man als Dame allein ins Moka Efti oder ins Resi gekommen war. In Berlin natürlich.

Auch Billy Wilder verdiente sich so ein paar Groschen, ehe er nach Hollywood ging, große Filme machte und einen Pontiac fuhr – den mit dem Indianerkopf vorne drauf. Denn Pontiac war ein Indianerhäuptling gewesen, ein großer, den seine Widersacher ermordet hatten.

Da sind sie wieder, die Nebenwirkungen. Und eines Tages, BMW brachte gerade den 700 heraus, schenkte uns Billy den schönsten Film, der je mit Marilyn Monroe gedreht wurde: »Manche mögen's heiß.« Sie sang »Diamonds are a girls best friends.«

Aber die Autos waren es auch. Wenn man mit einem offenen Pontiac Bonneville oder gar einem Lincoln Continental über den Sunset Boulevard hinunter nach Malibu Beach fuhr, war es einem direkt peinlich, wie viele Mädchen man stehen lassen musste, weil sie nicht alle reinpassten.

Das war Ende der Sechziger, als ich beschloss, mir auf jeden Fall noch einen Mercedes 170 D OTP zu sichern – jenen offenen Viertürer mit Allwetterverdeck, der wie Mitte der Dreißiger aussah. Ich lackierte ihn um auf Zivil und fuhr mit ihm nach Monte Carlo.

Es war übrigens Hans Albers, der »Eine Nacht in Monte Carlo« sang. Wer sonst? Er fuhr damals einen Cadillac V 12, offener Viertürer. Die vier Mädchen, die er da reingepackt hat, sind seine Mutter und seine drei Schwestern.

Alle haben die markante Albers-Nase.

So viel für heute über die offenen Tourenwagen. ■

Alle reden vom Wetter

Ein Gespräch bei Kaffee und Kuchen

»Alle reden vom Wetter«, sagte mein Besucher, »wir sollten dieses Thema mal beiseite lassen. Mit Ihnen lässt es sich doch bestimmt gut plaudern.«

So begann es. Wir saßen bei Kaffee und Himbeertorte auf dem Südbalkon. Die Alpenkette lag quer vor uns, von der Zugspitze ganz links bis zum Rigi ganz rechts.

»Ein traumhafter Anblick!«, jubelte er. Und ich sagte: »Ja, aber ein schlechtes Zeichen. Wenn die Gipfel so zum Greifen nahe scheinen, gibt es anderntags Regen. Und ich wollte morgen offen fahren. Wenn man sie gar nicht sieht, ist gutes Wetter. Dann überlegen wir, ob wir die Alpenstraße ›machen‹ oder den Bodensee.«

Er räusperte sich, und weil meine Frau gerade Kaffee nachschenkte, sagte er: »Die Himbeertorte ist ausgezeichnet.« Woraufhin meine Frau wahrheitsgemäß berichtete, dass es in diesem Jahr ein Kreuz mit den Himbeeren gewesen sei. Zu wenig Sonne, zu viel Nässe, und dann dieser Hagel.

»Ja«, spann ich ihren Faden fort. »Wie der Sommer neunundzwanzig. Einmal spannte meine Mutter gar den Regenschirm auf, im offenen Opel. Während der Fahrt. Das Verdeck klemmte nämlich. Und im Winter darauf, oder war es achtundzwanzig und dann im Winter neunundzwanzig, also da geriet mein Vater bei Brotterode in Thüringen in einen derartigen Schneesturm, dass ihn Dorfbewohner von jenseits der Bergstraße rausschaufeln mussten. Er war kurz vor dem Erfrieren. Denn es war natürlich ein offener Wagen, und Heizung kannte man damals sowieso nicht.«

»Aber nun reden wir ja doch vom Wetter«, schlürfte er nach einem Schluck Kaffee vor sich hin. Obwohl ich mir kei-

ner Schuld bewusst war. Sprachen wir nicht über Autos?
»Im Winter dreiundsechzig/vierundsechzig fuhr ich tagaus tagein mit meinem VW 181 herum, dem viertürigen Kübelwagen. Und ich ließ das Verdeck offen, konsequent den ganzen Winter über. Oder war es ein Jahr später? Sie können es nachlesen. Ich habe eine Geschichte darüber geschrieben in *auto, motor und sport*. Früher, wie schon erwähnt, fuhr man ja auch das ganze Jahr offen und ohne Heizung. Ich hielt das durch, und die Story hieß ›Der Mann, der aus der Kälte kam‹. Ich war bumsgesund, während um mich herum eine Art Grippe wütete.«
»War das nicht der Wagen, bei dem die Benzin-Zusatzheizung so gut wie nie funktionierte?« »Exakt«, sagte ich, »und der Motor heizte ohnehin nicht, so weit hinten, wie der saß.«
»Ja, man zog sich wohl gescheiter an als heutzutage. Aber in meinem Daimler gerate ich ja sogar im tiefsten Winter manchmal ins Schwitzen.«
»Und im Sommer«, warf ich ein, »holt man sich in diesen vollklimatisierten Limousinen leicht eine Erkältung. Entsinnen Sie sich der dreieckigen Schwenkfensterchen? Vorne zwei und hinten zwei. Das nannte man ›zugfreie Entlüftung‹, und es funktionierte hervorragend. General Motors hatte sogar ein Patent darauf. Und alle anderen mussten Lizenzen zahlen. Das waren die ›sechsfenstrigen Limousinen‹. Ja, so hießen sie.«
»Aber Sie, mein Lieber, Sie fahren ja sowieso offen.«
»Ja, und so, dass der Fahrtwind von vorne kommt. Ich lupfe die Windschutzscheibe leicht an oder ich lege sie um. Bei meinen Oldies geht das.«
»Wo sollte der Wind denn sonst herkommen?«
»Von hinten natürlich, weshalb es diese Windschutzdinger gibt, die einem im Nacken sitzen.«
»Von hinten, wie geht denn das?« Er war offenbar in Limousinen aufgewachsen.
»Wenn Sie einen Kombi mit offener Heckklappe fahren, etwa, weil Sie etwas Sperriges vom Baumarkt heimschaffen wollen, dann wissen Sie, dass der Fahrtwind von hinten kommt. Da weht er Ihnen nämlich die Auspuffgase unverdünnt ins Wageninnere bis vornehin. Oder den Straßenstaub.«
Er meinte, sich an einen derartigen Vorfall erinnern zu können. Als Kind war ihm damals schlecht geworden.
»Sehen Sie, das sind Föhnwolken«, unterbrach ich seine Erinnerungen, »jetzt kommen sie auf. Wie dünnhäutige Schleier ziehen sie von Süden her übers Land. Verdammt, es wird morgen regnen. Und meine Frau zieht nur ungern ihr Ölzeug an.«
»Wie denn das nun wieder? Beim Einkaufen?«

»Aber nein, beim Offenfahren, wenn es regnet. Das Zeug ist wasserdicht. Wir hatten nämlich mal einen Motorsegler ...«

Er formte seine Stirnfalten zu einem Fragezeichen. »Ja, mit dem Volvo MD 15. Ein fantastischer kleiner Schiffsdiesel. Einmal an der Riviera war eine solche Flaute vor einem angesagten Sturm, dass er uns gerade noch rechtzeitig in den Hafen von San Remo brachte. Und dann ging es los. Meine Frau hatte schon mal kurz gebetet.«

»Einen Volvo habe ich auch mal gefahren, aber keinen MD 15.« »Etwa den P 544? Oder gar den Schneewittchensarg?« Er war irritiert.

»Keine Ahnung, wie der hieß, aber es war bestimmt kein Sarg.« Er kicherte gereizt.

»Nun ja«, resignierte ich, »dann war es wohl irgendetwas Neueres. Aber der kleine Schiffsdiesel MD 15 war eine Pracht. Das Schiff war neun Meter lang, fast drei Meter breit, ganz aus Holz, Kajüte mit Stehhöhe, fünfunddreißig Quadratmeter Baumwollsegel, dazu die Fock mit gewaltigem Klüver. Und doch machte es mit dem Volvo noch fünf Knoten. Ein braves Maschinchen. Aber der 544 ...«

Die »sechsfenstrigen Limousinen« – hier ein Opel Super 6 von 1938 – kamen im Sommer ohne Klimaanlage aus. Vier Ausstellfenster sorgten für die allseits gelobte »zugfreie Entlüftung«.

Er unterbrach mich. »Nun reden wir wieder nur vom Wetter und von Autos oder Motoren.«

»Offenfahrer reden immer von so was«, belehrte ich ihn. »Höchstens noch von Beifahrerinnen. Aber die Zeit schreitet fort, sonst wohin. Jetzt drücken sie auf einen Knopf, und schon sitzen sie unter einem Blechdach wie gewöhnliche Coupéfahrer, schrecklich. Andererseits hat es den Vorteil, dass die Beifahrerin die Bluse nicht zuknöpfen muss oder gar eine Segeljacke aus Wachstuch überzieht. Es hat eben alles auch wiederum sein Gutes.«

»Also ich fahre morgen weiter zum Comer See«, versuchte er das Thema umzulenken. Doch ich lag schon auf der Lauer. »Aber nicht über den Julier«, sagte ich mit erhobenem Zeigefinger, »da schneit es mit Sicherheit, und ich vermute, Sie fahren auf Sommerreifen. Obwohl da auch der Ganzjahresreifen nicht viel bringt, bei ihrem Wagen, mit diesem Antrieb. Wir hatten früher immer Ketten an Bord, um diese Jahreszeit, und ein Säckchen Sand und einen Klappspaten. Und eine Wärmflasche für den Fußraum.«

Er verabschiedete sich dann formvollendet von meiner Frau mit einem Handkuss und einem Kompliment für die Himbeertorte. Und mit der Lüge: »Es war eine Lust, mit Ihrem Gatten zu plaudern.«

»Worüber habt Ihr denn gesprochen?« fragte mich meine Frau, nachdem er gegangen war. »Über alles Mögliche«, sagte ich, »nur nicht übers Wetter. Das hängt einem ja zum Halse raus.« ■

Hilfe! Ich will hier raus

Wer zählt die sinnlosen Morde an unseren geliebten Alten? Sind wir etwa mitschuldig? Aber ja! Wir haben zu oft weggeguckt ...

Als letzten Hilfeschrei hat er den linken Winker ausgestellt, sehen Sie nur! Die Freiheit liegt nur eine kleine Linkskurve weit vom Schafott, nur diese kleine Linkskurve noch, dann könnte das Leben von vorn beginnen. Das Tor der Halle steht offen, wie der Lichtschimmer beweist. Ein Akt der Verzweiflung, ein letzter Versuch – zur Erfolglosigkeit verdammt.

Man kenn das von sterbenden Tieren. In Todesahnung, schon auf der Seite liegend, strampeln sie noch einmal mit allen Vieren, als könnten sie ihrem Schicksal doch noch davonlaufen. So auch der Kadett von 1938. Ein »Spezial«, man sieht es an seiner vorderen Radaufhängung. Der Standard hatte Längsblattfedern. Keine Beule im Blech, die Kniehebelfederung noch intakt, nur die Räder entfernt, damit er nicht doch noch weglaufen kann.

Dieser ausgestellte Winker rührt einen fast zu Tränen. Ein Hilferuf. Wäre ich nur zur Stelle gewesen. »Stop!«, würde ich gerufen haben, »begnadigt!« Für ein paar Silberlinge hätte man ihn wohl retten können. Der Vollstrecker im Hintergrund blickt unwirsch in die Kamera, wie ertappt. Ein Henker!

Die Zeit, bevor wir begannen, Oldtimer zu sammeln, war eine grausame für die Alten. Sie landeten auf den Auto-Friedhöfen und den -Schlachthöfen. Oder sie wurden in Schluchten gestürzt und in Gewässern ertränkt.

In meiner Jugend wandelte ich oft über die Auto-Friedhöfe. Ach, wenn ihr wüsstet, wen man da so alles sah. Wer war denn in den frühen Dreißigern ein Oldie? Solche vom Geburtsjahr 09, 12, 18, 20. Nur die Messingkühler hatte man diesem und jenem schon abgenommen. Aber ich erkannte sie auch ohne ihr Gesicht.

Und irgendwann Mitte der Dreißiger, der Leser möge es mir glauben, bei meinem Augenlicht, stand in der Ecke eines meiner Schulhöfe ein Benz von 1918. Der sogenannte 8/20er. Wohl zwei oder drei Schuljahre lang. Vergessen, ohne Angehörige. Wir haben auf seinem Trittbrett gesessen und unser Pausenbrot gemampft.

Er war komplett vom Spitzkühler bis zum Heck, und er schien niemandem zu gehören. Ich beschwor meinen Vater, ihn zu retten. Aber der lachte nur, hielt aber den Kopf schräg und sah mir lange mit prüfendem Blick in die Augen. Heute weiß ich, dass er sich fragte, was wohl mit dem Jungen los sei, stimmt da etwas nicht?

Väter waren damals sehr streng. Sie sprachen von »Flausen im Kopf« und »besser die Schularbeiten machen« und »ein paar hinter die Löffel kriegen«. Doch es hat in meinem Fall, was die Errettung zum Tode verurteilter Kraftfahrzeuge betrifft, nicht genützt.

Der 8/20er-Benz steht seit Jahren in meinem Museum, natürlich nicht derselbe, aber der gleiche. Ich habe sogar ein Plakat aus ihm gemacht. Und meine Frau fragte: »Weshalb ausgerechnet der?« Nun ja, das sei eine lange Geschichte, habe ich geantwortet, und sie ihrer Länge wegen bis heute nicht erzählt. Zumal sie traurig endet.

Eines Tages war der Benz verschwunden, und man sah im Kies des Schulhofes noch die Spuren der Zugmaschine, die ihn weggeschleppt hatte. Die Fährtenlese war für mich ein Klacks. Es war ein Primus-Schlepper, jener, der den Diesel hinten quer trug. Der Besitzer des Schlachthofes fuhr einen, also war das Schicksal des 8/20er-Benz besiegelt.

Ein Schlepper mit Quermotor im Heck? Aber ja, es gab ihn. Welcher Leser besitzt einen solchen Primus-Schlepper mit Heckmotor? Ich würde gern mal einen wiedersehen. Wie wär's mit einem Brief mit Foto?

Und damit die Geschichte nicht gar so traurig endet, will ich doch wenigstens den 8/20er-Benz beschreiben. Den, der überlebt hat, der in meinem Museum sein Gnadenbrot mümmelt. Ein Phaeton von beachtlicher Größe mit 20 PS – na und? Ich entsinne mich einer damals gültigen Weisheit: Ein Auto mit 60 PS hat 30 PS zu viel! Basta.

Noch 1955 war ein 356er Porsche mit 60 PS ein Sportwagen, mit dem man so gut wie alles vernaschen konnte, was sich auf der Autobahn bewegte. Da waren dem Käufer des »kleinen Benz« (gebaut von 1912 bis 1920) 20 Pferde genug, zumal sie einem Hubraum von

In der Presse: Opel Kadett Baujahr 1938.

zwei Liter bei lässigen 1800 Umdrehungen entsprangen und für 75 km/h ausreichten.

Die viersitzige Karosserie war hinreichend geräumig. Noch begnügte man sich mit der schwachen Acetylen-Beleuchtung. Der Gaserzeuger war auf dem Trittbrett montiert. Von ihm führte ein Schlauch als Gasleitung zu den gewaltigen Messinglampen. Welch ein Anblick!

Die torpedoförmige Karosse meines Benz war mit dem »voll versenkbaren« Verdeck ausgestattet. Es verschwand, wie bei unseren modernen Cabriolets, unter einer Klappe, die sich der Wagenform anpasste. Ein damals viel erwähnter Nachteil war, dass es darin vor sich hin gammelte, falls man es vor dem Wegstecken nicht hatte trocknen lassen oder falls der Deckel des Kastens nicht fest schloss.

Welch ein Wunder, dass dieses Automobil noch im Urzustand erhalten ist, ohne je restauriert worden zu sein. Da ist dem »Henker« ganz sicher jemand in die Arme gefallen und hat »Stop!« gerufen oder zumindest: »Halt!«

Später, nach den Kriegswirren, als viele Alte an Land gespült wurden, ohne freudig begrüßt zu werden, habe ich mich mitschuldig gemacht. Aber ich konnte sie nicht retten. Wohin damit? Das ist auch heute noch das Problem.

Dennoch sollten wir es dem Henker nicht zu leicht machen. Besser einen unnötigen Zweitwagen aus der Garage schmeißen und einen überlebenswerten Alten reinstellen. Das ist die Moral dieser Geschichte.

Man rettet doch auch die Panda-Bären und die Kröten und die Pauls-Kirche. Neulich gar das Kaiser-Wilhelm-Denkmal. Hoffentlich auch den Primus-Schlepper. Wann kommt das Foto? ■

Ein Sommertag mit Julia

Und eine Höllenfahrt im Westentaschen-Bugatti

Wer A sagt, muss auch B sagen. Für mich kein Problem, denn nach Alfa kommt im Speicher meiner Erinnerungen BMW. Bestimmte Erlebnisse mit Automobilen nisten sich im Oberstübchen derart hartnäckig ein, dass man sie mit einem Fingerschnippen runterladen kann.

Ich flirtete vor zwanzig Jahren mit Julia. Sie wohnte in Arese, nördlich von Milano. Dort traf man sie lässig hingelümmelt auf einem silbern schimmernden Podest. Ihr Taufname: Giulia Super 1.6, Geburtsjahr 1973 – also zehn Jahre nach ihrer erstgeborenen Schwester, die ab 1963 den Männern den Kopf verdrehte. Dieses junge Ding war die Giulia im Stadium der Pubertät. Sie redete ein wenig zu laut, und im jugendlichen Überschwang hüpfte sie manchmal, anstatt brav zu gehen. »Sie bewegt sich wie ein junges Pferd«, hatte ich damals gesagt. Nicht, ohne mit der Zunge zu schnalzen.

Zehn Jahre später war sie in voller Reife erblüht. Ich nahm die 73er Julia vom Podest und verlebte mit ihr einen unvergesslichen Sommertag in den zauberhaften Gefilden des Comer Sees.

Diese schmalen, kurvenreichen Küstenstraßen rund um die oberitalienischen Seen waren für uns Autoromantiker das ideale Revier. Wer einen »Italiener« unterm Hintern hatte, der vernaschte mit Wollust die schwerblütig gehandhabten Touristen-Limousinen – so, wie freche Spatzen Krümel picken.

Ich hatte das auch schon mit meiner himmelblauen Giulietta genossen, jenem traumhaft schönen Spider aus den Fünfzigern, dem ich stets einen Klaps auf seine gut geformten Schenkel gebe, wenn ich durch mein Museum gehe.

Aber nun fuhr ich auf diesen Jubelpisten

mit einer Limousine, viertürig, rundum eckig und fast schon hoch aufragend – konnte das gutgehen? Dazu rufe ich ein paar Notizen von damals ab:

»Ich kann ihr nichts ankreiden, obwohl ich doch längst auf neuzeitlicheren Autos eingeritten bin, die schon dem Computer entsprungen und im Windkanal geläutert sind. Sie handhabt sich so leichtfüßig und doch spur- und kurvenfest, so lenkbrav und doch scheinbar leicht nervös, weil sie mit gespitzten Ohren auf den geringsten geflüsterten Befehl horcht.«

»So spurtfreudig, spontan hochdrehend, ohne zu brüllen. Und kurvengeil, weder vorn noch hinten aus der Fassung geratend. Wie ein Hase, der ohne zu straucheln Haken schlägt.«

»Dabei so weltoffen mit ihren großen Fensterscheiben. Man hat eine Rundumsicht wie auf einer Aussichtsplattform. Dennoch bleibt die Sonne dank der steil stehenden Gläser draußen. Lasst uns jubilieren und es weitersagen: Es geht, es geht! Man muss nicht geduckt in einer Käseglocke hocken, nicht ahnend, was hinten links oder rechts oder hinter der Stoßstange los ist. Und doch macht sie aus ihren 1,6 Liter Hubraum 182 Sachen. Kein Wunder, dass sie schon als Teenager Klassenbester wurde.«

»Außerdem sitzt man so, dass man den Arm bei heruntergekurbelter Scheibe aufs Fensterbrett legen kann. Dabei lauscht man diesem sonoren, beinahe leisen und doch energischen Brüllen, das einem durch und durch geht.«

Und dann betrat der »schlafende Holländer« die Szene. Wir nannten ihn so, der Fotograf und ich. Wir hatten ihn schon ein Weilchen beobachtet, wie er bei offener Tür in seinem Auto lag, die Hände über der Brust gefaltet, und hörbar schlief. Es war ein heißer Tag, und wir rückten uns die Julia zurecht – mal Palme hier, mal Ufer dort, mal von hinten, mal von vorn. Wie man das so macht.

Auf einmal ließ er sich aus seinem flachen, stark angeschrägten Gehäuse auf die Straße fallen, rappelte sich hoch und begann, uns und die Julia mit wachsender Neugier zu umkreisen. Schließlich fasste er sich ein Herz, trat auf mich zu und fragte: »Ist das der neue Alfa? Wann kommt der raus?« Julia, altes Mädchen, hast du je ein schöneres Kompliment bekommen? Und mir wäre es sogar recht, wenn so etwas noch mal »rauskäme«.

Der Windkanal hat eine Menge Unfug angerichtet.

Und diese Italiener! Sie scheinen abgassüchtig zu sein. In den kleinen und engen Ortschaften am See rücken sie ihre Kaffeehausstühlchen auf den schmalsten Bürgersteigen bis an die Bordsteinkante vor. Ihre übereinandergeschlagenen Beine ragen in die endlos fließende Fahrzeugkolonne hinein. Die Mädchen zie-

„Ganz klar, daß sie einem zublinzelt, sie kann es nicht lassen. Und natürlich hatte sie bei mir Erfolg. Ich entführte sie an einem herrlichen, glutheißen Sommertag an die Gestade des Comer Sees. Du darfst Julia zu mir sagen, flüsterte sie. Und ich kitzelte sie mit dem Gasfuß. So verstanden wir uns auf Anhieb."

76 Test & Technik

Steiler Zahn

Fritz B. Busch verbrachte einen Sommertag mit Giulia.

Es gibt Autos, die man nicht vergessen kann. Auch ihre Erbauer können sie nicht vergessen und versuchen ein Remake – meistens vergeblich. Weiß der Himmel, woran es liegen mag, sie sind unwiederholbar.

Manche von ihnen haben den Ruf einer Marke begründet. So toll waren sie. Andere haben einer Marke auf einem bestimmten Markt zum Durchbruch verholfen, weil sie die fremden Käufer mitten ins Herz trafen. So etwas läßt sich weder vorausberechnen, noch in den Computer eingeben. So etwas ist Schicksal.

Ich spreche von Julia. Verzeihung, von dem Auto namens Alfa Romeo Giulia. Schon 1963, als es noch den Fiat Europa gab, den Ford 12 M und DKW F 12, den NSU Prinz 4, den Simca 1000 und den BMW 700, aber auch den Mercedes 230 SL und den Porsche Carrera 2, schon damals war Alfas Giulia ein steiler Zahn.

Weil sie aber noch in der Pubertät war, hatte sie ein paar Schwächen: Sie redete zu laut, und aus überschäumender Lebensfreude hüpfte sie manchmal, anstatt sittsam zu gehen. Aber jeder Mann, der scharf auf sie war, verzieh ihr das mit leichter Hand. ▷

Fotos: Wilhelm

Test & Technik 77

Mal von vorn, mal von hinten, Palme hier, Ufer dort – Fritz B. Busch und die Giulia.

hen nur kurz die braunen, mit rot lakkierten Nägeln verzierten Zehen ein, krümmen sie wie ein Kätzchen die Krallen, wenn ihnen das Blech gar zu nahe kommt.

Oh Julia, wie könnte ich dich und diesen Sommertag vergessen ...

Und BMW? Wie war das eigentlich mit BMW?

Na klar, da sind Dutzende erhabene und spektakuläre Ereignisse in meinem Oberstübchen gespeichert. Den Leser wird es aber kaum verblüffen, dass ich eines der originellsten abrufe. Es liegt wohl 65 Jahre zurück.

Kennen Sie den Ihle-Sport? Werfen Sie einen Blick auf ihn, den stolzen Träger der BMW-Niere mit den Eingeweiden des 15 PS schwachen Dixi. Mit seinem schlanken Leib, dem spitzen Heck, den freistehenden Speichenrädern und dem provozierenden Blau der Bugatti sieht er beinahe aus wie ein solcher. Und außerdem ist er immerhin halb so schnell! So sah ihn die Jugend in den Dreißigern, als 80 Sachen als gerast galten. Und ich saß natürlich schon drin.

Ein Freund des Hauses nahm mich mit, obwohl meine Mutter »Oh-Gott-Oh-Gott« rief, als ich zu dem als verwegen

Der BMW Dixi: Dreiviertel Liter Hubraum, verteilt auf vier Zylinderchen. 15 PS und 85 km/h sind drin. Aber die Form! Dieses spitze Heck, diese lange Schnauze, und diese freistehenden Speichenräder!

geltenden Kerl mit der kühnen Nase und den zwei unehelichen Kindern über die Bordwand sprang. Sie schlug noch die Hände zusammen, da preschten wir auch schon los und auf die kurvenreiche Bergstrecke des Thüringer Waldes zu.

Ich saß ohne den Schutz von Brille und Kappe hinter der winzigen Frontscheibe und klammerte mich an der Bordwand fest. Sie ist so tief ausgeschnitten, dass Herausfallen leichter ist als Hineinklettern. Der kleine Vierzylinder mit dem angebohrten Auspuff jubelte grollend, die schlanke Haube vor mir stach hüpfend in die Kurven (eine Querfeder über der vorderen Starrachse, sonst nichts), der Fahrtwind traf mich von allen Seiten. Und bergab wurde einem vor jeder Kurve bewusst, dass die Bremsen vor Schreck bereits in Ohnmacht gefallen waren. Auf den geraden Gefällen mögen es hundert Sachen gewesen sein. Der Kleine zitterte zornig brummend am ganzen Leib. Es war der erste Geschwindigkeitsrausch meines Lebens. Ich legte noch während der Fahrt das Gelübde ab, mir eines Tages diesen BMW zu kaufen, und keinen anderen. Vorausgesetzt, ich würde heil da herauskommen.

Ich pflege Wort zu halten. Seit nunmehr 30 Jahren habe ich ihn. Sehen Sie nur: Da steht er. Man muss nur die Autos seines Lebens um sich versammeln, um in der Zeit zu bleiben, in der man mit ihnen eine Affäre hatte. Mit Frauen geht das nicht.

Und ich bin ein Fall für den Psychiater: Ein ganzes Testerleben lang passierte es, dass er schlagartig auf meinem inneren Bildschirm auftauchte, wenn irgendjemand »BMW« sagte. Er kann sogar einen Siebener meinen, es ist heute noch so. Machen Sie sich keine Sorgen. Ich kann gut mit dieser Meise leben. ■

Kriegsbemalung

Das Buch »Autos schneller machen durch Bekleben« ist noch immer nicht erschienen. Dies ist der Versuch, die Lücke notdürftig zu schließen.

Die friedlichste Deutung der Wirkung von Streifen entnehme ich dem Mund meiner Frau. Da höre ich, dass Streifen »strecken«, dass Streifen »schlank machen« und gar, dass Streifen »einfach sportlich« sind.

Wahrscheinlich ersetzen sie ab Konfektionsgröße Soundso auch noch die Turnstunde.

Nur quer dürfen sie nicht getragen werden, weil sie dann unweigerlich den Luftwiderstand erhöhen. Es sei denn, man verpasst seinem Auto einen Querstreifen am Heck, der die Funktion des fehlenden Spoilers übernimmt. Der Wagen liegt dann in den Augen der Betrachter wesentlich besser. Als Farbe empfiehlt sich funktionales Schwarz.

Aber noch sind wir nicht beim Auto. Die Wirkung gezielt eingesetzter Streifen lässt sich auch anderweitig beobachten.

Ich wurde auf meinen zahlreichen raumgreifenden Fernreisen mit einer Vielzahl von Gebräuchen der Urbevölkerung vertraut gemacht, indem die Sippe zwecks Belustigung der Touristen die gewagtesten Tänze zelebrierte. Fast nie, ohne sich zuvor abschreckend zu bemalen (mit Streifen natürlich) und sodann in veitstanzähnliche Zuckungen und mimische Morddrohungen zu verfallen.

Der Typ, der mir noch vor Minuten einen geschnitzten Hundeknochen mit der Beredsamkeit eines Anlageberaters als »echt Elfenbein« andrehen wollte, stand plötzlich als grausamer Krieger auf der Matte. Ich vermochte nicht zu sagen, ob es ihm um meinen Skalp ging oder um meine saftige Lende. So hatte ihn die Bemalung verändert.

Da drängt sich mir stets eine Parallele auf. Auch Testwagen, die man mir werksseitig als Rallye-Version präsentierte, wirkten nicht selten bedrohlich und neigten zu veitstanzähnlichem Verhalten. Kurz, sie lehrten mich das Fürchten.

Nun wurde von mir Übermenschliches erwartet. Der Fotograf forderte mich mehrfach auf, hinter der Kuppe noch mal abzuheben und in der darauf folgenden Kurve mit höchstens zwei Rädern auszukommen. Auf solche Ideen war er beim Ablichten von Serienlimousinen nie gekommen. Da genügten ihm eine Motoryacht im Hintergrund oder Bikinimädchen auf der Motorhaube, dessen Telefonnummer meine Frau stets klammheimlich vernichtete.

Stand das Gerät endlich vor meiner Haustür, eilten in meinem heimischen Umfeld die Youngster in die Baumärkte, um sich mit Klebestreifen einzudecken, mit denen sie ihr bis dato harmlos dreinschauendes Fahrzeug verunstalteten. Ich kann nicht bestreiten, dass dieser und jener Hobel daraufhin wahrhaftig schneller wurde. Es lag daran, dass sie ihn nun schneller bewegten. Einer landete schon tags darauf im Schaufenster einer Bäckerei.

Auch ich stellte fest, dass ich mit einer blutrünstig beklebten Limousine einige Sekunden früher ankam. Ähnliches beobachtete ich bei meiner Frau. Wenn sie Streifen trug, bewegte sie sich irgendwie behänder und aggressiver. Auf Partys legte sie sich mit jeder Rivalin an, die um einige Kilo leichter zu sein schien.

Ich hingegen profitierte von Streifen kaum. Vor Jahren versuchte ich es beim Camping einige Male mit Adidas, gestreift von Kopf bis Turnschuh – aber weder war ich beim Wasserholen noch auf dem Klappfahrrad messbar schneller.

Weil aber die Blicke dieser und jener Nachbarin um Sekundenbruchteile länger auf mir ruhten, beschloss meine Frau, dass mir Streifen nicht stehen. Ich musste fortan Geblümtes tragen, das sie »Hawaii« nannte. Dazu Sandalen und weiße Socken. Ich akzeptierte das, weil es nun rundum bequemer war – ich war nicht mehr gezwungen, einen federnden Gang vorzutäuschen.

Meine Streifenallergie ging schließlich so weit, dass ich sogar gestreifte Kaffeehausstühlchen mied – auch an der Côte d'Azur, wo ich so gern und vor allem ungestört meinen Campari schlürfte. Ich wollte nicht schon wieder gefordert werden. Zumal dort so manches Streifenhörnchen auf der Promenade rasante Manöver hinlegt, die zum Mitmachen einladen.

Ich muss aber zugeben, dass ich diesen und jenen meiner Wohnwagen und am Ende gar eines meiner Reisemobile in lustvoller Eigenarbeit mit Streifen aus dem Baumarkt verschönerte. Stets war ich davon überzeugt, den tristen Serienzustand nachhaltig verbessert zu haben. Bis mir jener Verkäufer, bei dem ich meine Reisemobile immer zu besonders günstigen Konditionen losschlage, mit angewidertem Gesichtsausdruck zu verstehen gab, dass er dieses nicht in Zahlung nähme. Wenn ich mich recht entsinne, verstieg er sich zu dem Ausruf »Nicht ums Verrecken«. Und das war sonst ganz und gar nicht seine Art. Ich hatte ungefähr zwanzig handbreite laufende Meter Material in den unterschiedlichsten Farben verarbeitet.

Woraus sich erhellt, dass nicht jedes private Klebemanöver beim Volke ankommt. Das will aber kein Klebekünstler wahrhaben. Hier und da nicht mal die werksseitig dazu Befugten.

So war ich schon manches Mal versucht, zu fragen, ob man diese Rallye-Version auch haben könne, ohne dass man gezwungen ist, sie als solche auf Anhieb und schon von weitem zu erkennen. Geht aber nicht. Es ist da wie mit der Blumenvase im New Beetle. Die bekommt man auch nicht, ohne das ganze Auto nehmen zu müssen.

Ein Rat zum Schluss: Verwegen beklebte Autos im Rückspiegel lässt man am besten überholen, auch wenn man zu diesem Zweck sein Tempo spürbar drosseln muss. Der Fahrer ist auf dem Kriegspfad, und sein Auto fletscht bereits die Zähne. Gönnen wir ihm den Spaß.

Als der Watussi oder Owambo oder was auch immer er vorgab zu sein seine Bemalung abgewischt und seinen Speer in

die Ecke gestellt hatte, bot er mir den geschnitzten Hundeknochen zum halben Preis an.

Ich nahm ihn, und Friede senkte sich über die Hütten. ■

Am Sonntag geh'n wir Autos gucken!

Ein Frühlingsthema, längst vergessen. Aber wert, zwecks Ermunterung der Daseinsfreude wiederbelebt zu werden.

Man neigt zu Depressionen, wenn man schon alles hat. Das Ende aller Wünsche kann böse Folgen haben.

Nachdem auch ich mit Weib und Kind am Rande der Autobahn gesessen und geträumt hatte, ging es dummerweise nur noch aufwärts. Das gipfelte dann in solchen Momenten, wo ich an der Hausbar von Multimillionärs saß und wir am späten Abend durchspielten, was man jetzt alles noch machen könnte. Denn nur hier rumsitzen und Drinks mixen, das kann es ja nicht gewesen sein. Darüber war man sich im Klaren.

Und nun ging es also los: Schippern wir mal mit der Chris Craft Constellation rüber nach Saint Trop? Das Traumschiff lag ja vor der Haustür im Privathafen. Ach nee, nich schon wieder Saint Trop!

Oder wir schnappen ein paar Klamotten und machen rüber nach Ibiza, morgen früh könnten wir da sein. Der Seewetterbericht ist gut, der Pott ist vollgetankt. Blick in die Runde: Gähn, erst mal noch'n Tequila. Mir auch, mir noch'n Bier, oder nee, is noch Moet Chandon da? Klar isser.

Wir könnten auch mit'm Learjet® auf die Bahamas zischen. Der steht in Wurfweite auf dem Airport Nice-Cannes. Soll'n wir den Käpt'n anrufen? In einer Stunde kann es losgehen.

Bahamas, jetzt noch? Also, nich mit mir. Mit mir auch nich. Rülps, zu viel Kaviar, nee, das is der Hummer.

Geh'n wir ne Runde schwimmen und dann in die Koje? Genau, machen wir, das isses!

Genau so war's bei Milliardärs. Nicht nur bei dem am Cap von Antibes, ganz vorn, ein Pfundskerl, hat eigenhändig den Diesel meines Motorseglers (Schiff) repariert. Liboa hieß der Kahn, Familienname (Liane, Bob, Ankea) – einen Rettungsring habe ich noch in der Garage. Nur den Rettungsring. Gott sei Dank! Hat zu viel Arbeit gemacht, lag im Hafen von Alassio. Nur zwei Frauen als Mannschaft, Frau und Tochter. Nie wieder. Einmal bald abgesoffen, nachts, Mistral. Danke. Lieber ein Wohnmobil. Genau!

»Weißt du noch, wie wir sonntags mit der Isetta – oder war's schon die Dauphine? – rausfuhren an die Autobahn, Autos gucken?« Wissen wir noch, klar. Ach, war das schön, zumal so viel Unschönes hinter uns lag.

Zeitweise hatte man richtigen Hunger gehabt und nicht die geringste Ahnung, wie man ihn stillen sollte. Da war nun der Wiesenrand an der Autobahn ein Logenplatz. Wie auf dem Foto auf Seite 110/111. Nur noch etwas früher, aber immer noch DKWs, der 300er Lloyd, der 12 M, der Fiat Neckar, ein 180er Mercedes – bei dem könnte man schwach werden. War schon ein Kapitän dabei? Klar, vorhin, da warst du mal pinkeln. Gib mir mal die Thermosflasche. Is noch'n Schinkenbrot da?

Seht, Freunde, das sind Glücksmomente. Am Pool vom Beverly Hills Hotel in LA war es dagegen langweilig. Alle, die da rumlagen, langweilten sich. Nein, ich beneide sie nicht, die mit den riesigen Villen und den mächtigen Yachten. Besitz belastet, glaubt mir. Man sollte sie warnen, die Schumi-Brüder und so, aber vielleicht wissen sie es schon.

Dieses »Am Sonntag gehn'n wir Autos gucken« ist nur ein Beispiel. Man darf auch sagen: »Am Sonntag fahren wir mit dem Oldie in die Baumblüte« – das ist tausendmal mehr als »Mit dem Learjet® auf die Bahamas«. Der Mann mit der Chris Craft, dem Learjet® und der maurischen Villa ganz vorn am Cap ist mit seinem Privat-Jet gegen einen Berg geknallt und war auf der Stelle mausetot. Ich mochte ihn sehr, schade, aber er hat mich, ohne es zu ahnen, eines gelehrt: Genug ist besser als zu viel!

Und nun hören Sie endlich auf, von einem Zwölfzylinder zu träumen. Mit dem fährt doch kein Mensch in die Baumblüte ... ■

GP
CU 56

Der Golf ist Zeuge ...

Wie ich unter falschem Namen durch Honduras fuhr

Seit wir von unserem Trip zurück sind, er und ich, steht er in meinem Museum, mit nichts weiter auf dem Tacho als den Alaska-Feuerland-Kilometern. Aber angefüllt mit Erinnerungen, die er immer dann rauslässt, wenn ich mich mal wieder in ihn reinsetze, weil die Leute ein Foto machen wollen.

Sowie ich das Lenkrad umfasse und durch die von Steinschlägen gezeichnete Scheibe blicke, liegt die Strecke wieder vor mir, und ich finde mich wieder an irgendeinem ihrer absonderlichen Punkte. Zum Beispiel an einer dieser abenteuerlich fremdartigen Grenzstationen irgendwo in Mittelamerika. Nehmen wir mal an, es war die von Honduras. Es kann aber auch die von Guatemala oder Nicaragua gewesen sein. Oder so. Sie unterschieden sich kaum. Es ist schließlich über dreißig Jahre her, und Mittelamerika ist siebentausend Kilometer lang, wenn man Mexiko nicht vergisst, wo man die meisten Bestechungsgelder zurücklässt. Nicht nur beim Rein und Raus, sondern auch mittendrin. Ich rede von damals. Wie es heute ist, weiß ich nicht.

Aber folgen Sie mir nun in das Gebäude, in dem ich meinen Namen verlor: Die Baracke aus farblosem, vom Zahn der Zeit angenagten Holz wirkt im Inneren wie ein finsterer Tunnel, in welchem Sperrmüll abgeladen wurde.

Es ist aber kein Gerümpel, das da herumsteht. Es sind Tische und Stühle, Bänke und Schränke, denen übervolle Schubladen aus dem Hals hängen. Die Schreibmaschinen auf den Abfertigungstischen sind angestaubte Oldtimer, die wie Hammerwerke arbeiten und wellenförmige Zeilen fabrizieren. Auch die Farbbänder sind am Ende ihrer Aussagekraft.

Die Baracke ist eine Fabrik für die Produktion wirr ausgefüllter Formulare in mindestens fünffacher Ausfertigung. Die gesamte Belegschaft befindet sich unübersehbar in einer Art Streik- oder Dämmerzustand, obwohl ihr Job eine Pfründe ist. Vor dem Gebäude erstreckt sich eine hölzerne überdachte Veranda, wie wir sie aus Wildwestfilmen kennen. Aber es fehlt der Schaukelstuhl. Da ist nur ein dreibeiniger Tisch, auf dem einer liegt, eine Hand unter dem Hinterkopf und ein Bein über das andere geschlagen. Er wirft mir einen missbilligenden Blick zu, bevor er die Augen wieder schließt, um die Störung zu vergessen.

Ich umgehe ihn und betrete die Baracke halte meinen Pass hoch und gebe mich so dem Nächstschlechten zu erkennen, der aber nur stumm den Kopf schüttelt. Die übrigen würdigen mich keines Blikkes. Nun deute ich mit Arm und Pass in eine Richtung, wo jemand nicht völlig zusammengesunken unter der von der Decke baumelnden nackten Glühbirne hockt. Aber der schläft. Ich bin ratlos, was den Kopfschüttler veranlasst, gequält aufzuseufzen – womit er mir zu verstehen gibt, dass ihm ein solcher Vollidiot noch nie untergekommen ist.

Ich schließe daraus, dass ich die Barack am falschen Ende betreten habe, und verlasse sie wieder. Draußen hat der Mann auf dem dreibeinigen Tisch seinen missbilligenden Gesichtsausdruck noch verfeinert. Ein Ausdruck übrigens, der mich nicht schreckt. Denn wer in Mittelamerika mit ihm zur Welt kommt, der ist auserwählt, einmal Zöllner oder Polizist zu werden. Daran besteht kein Zweifel.

Der Mann hinter dem letzten Schreibtisch, den ich neubeginnend für den ersten halte, ist damit beschäftigt, eine Orange zu schälen. Das macht man hier zu Lande so, wie man bei uns zu Hause einen Bleistift spitzt: Mit einem scharfen Messer immer wegwärts schlagen und dabei das Objekt drehen. Die Schale fliegt in Spänen in den Raum hinein, wo sie sich zu den anderen gesellt, von denen sie seit Jahren erwartet wird.

Ich halte meinen Pass hoch und räuspere mich, woraufhin sich der Orangen-Anspitzer noch eine Vierteldrehung von mir abwendet. Ich sehe ihn nun nur noch von hinten. Da entdecke ich ein paar Tische weiter einen, der in ein weißes Kleidungsstück gehüllt ist, das frisch gewaschen scheint. Das macht mich stutzig. Sein Schreibtisch ist größer. Und er ist fetter als die anderen, was auf einen höheren Dienstgrad schließen lässt. Er blickt mich an. Eine Bulldogge lässt sich schlecht mit ihm vergleichen, weil sie liebreizende Züge hat. Aha, denke ich und will ...

Aber da schüttelt auch er den Kopf, öffnet aber gleichzeitig den Mund, dessen Inneres einer Goldgrube gleicht, und krächzt einen einzigen Laut. Er klingt

»Du darfst Frint zu mir sagen«.

Erst mal anhalten ...

wie der Schrei eines Maultieres, und ich vermag seinen Sinn nicht zu deuten.
Aber auf der Terrasse entsteht Bewegung. Der Mann auf dem Tisch erhebt sich, betritt die Baracke, wirft mir einen feindseligen Blick zu, hockt sich hinter eine Schreibmaschine und winkt mich mit einer Geste heran, wie man sie nummerierten Sträflingen zukommen lässt. Dann stößt er einen Stapel Papier so zurecht, dass Blatt für Blatt und welkes Kohlepapier so schief wie möglich aufeinander zu liegen kommen. Das Gewirr spannt er in sein Hammerwerk ein und beginnt mit der Ausübung seines ungeliebten Berufes.
Nachdem er die Daten meines Passes, des Internationalen Führerscheins, der Visa und der Fahrzeugpapiere eingespeist hat, dabei Dutzende Male den Kopf schüttelt und Grunzlaute von sich gibt, ist es nach etwa einer halben Stunde vollbracht: Ich heiße von nun an Frint Busbh.
Als solcher durcheile ich das betreffende Land. Ein verschollen gehender Fritz Busch würde nie gefunden werden, hat das Land nie betreten oder verlassen, und die Witwe soll sehen, wo sie bleibt. Natürlich habe ich meine Frau beim nächsten Telefonat eingeweiht mit der Bemerkung: »Du darfst Frint zu mir sagen.«
Dieser Falschname pflanzt sich auf allen Dokumenten fort, die anhand dieses Einreisepapiers in der Baracke noch angefertigt, in meterlange Folianten handschriftlich eingetragen, auf kleinere Zettel verteilt und abgelegt und einmal sogar telefonisch durchgesagt werden. Kein Wunder, dass sie hier jeden zum Teufel wünschen, der ihnen durch sein unerwünschtes Auftauchen diese Mühen beschert.
Ich konnte übrigens keinerlei Widerspruch einlegen, weil ich erst am Ende der etwa zweistündigen Prozedur ein Papier in die Hand bekam, aus dem mein Falschname ersichtlich war. Also

... und dann zum nächsten Fernamt (siehe Schild). »Hier spricht Frint!«

»Du Montezuma, ich Busbh«.

behielt ich ihn bei, zumal er mich eine Menge Geld gekostet hatte. An einem jeden Tisch schiebt man ein paar Dollarnoten hinüber. Sie werden mit einer Handbewegung entgegengenommen, die jener gleicht, mit der man Brotkrumen oder tote Fliegen vom Tisch wischt. Sollte ich damit noch einmal von vorn beginnen? Draußen ging es ohnehin weiter. Der Orangenanspitzer entpuppte sich als derjenige, der mit seinen klebrigen Pfoten den Golf und meine sämtlichen Koffer zu durchstöbern hatte.

Ein anderer Griesgrämiger desinfizierte den Golf mit Hilfe eine Sprühdose, die ein stinkendes Gewölk absonderte, das an sämtlichen Scheiben, dem Instrumentenbrett und dem Lenkrad kleben blieb. Ich behaupte, dass der Golf noch heute danach richt, zumal der Gestank an sämtlichen Grenzübergängen Mittelamerikas aufgefrischt wurde.

Was waren Sinn und Zweck dieser Reise? Der neu auf dem Markt gekommene »Meilen-Pirelli« sollte sein Talent für Durchhalten unter erschwerten Bedingungen unter Beweis stellen. Das tat er. Der Golf und ich, wir trugen ihn dreißigtausend Kilometer weit in das von der Werbung ersehnte Ziel. Die Strecke nennt sich Traumstraße der Welt. Ich habe heute noch Albträume.

Sie haben Fernweh? Vorsicht! Bleiben Sie im Zweifelsfall lieber auf dem Sofa sitzen. Denn wenn das Fernweh irgendwo draußen in Heimweh umschlägt, ist es zu spät. Dieser Moment kommt – so wahr ich Frint Busbh heiße. ■

Hauptsache gesund

Also Oldtimer fahren für mehr AUTO-genes Training im Neuen Jahr

Aus der Wohnung ins warme Auto. Im Komfortsitz zurechtkuscheln, Klimaanlage an, und los geht's – ist es das? Immer nur warm rumsitzen, höchstens mal ein paar Knöpfe drücken, die Servolenkung streicheln, die Automatik machen lassen, Radio an, ab und zu mal gähnen – und dann im wohltemperierten Büro den Tag verbringen.

Zu Hause wartet das Sofa, unweit vom Fernseher. So wollen Sie gesund alt werden. Wie soll denn das gehen?

Ach so, ab und zu mal Fitness-Studio, soll ja nicht schaden. Und Nahrungsergänzungsmittel schlucken. Auch mal joggen oder Nordic-walken. Im Winter eher seltener. Zu kalt, zu glatt und Erkältungsgefahr.

Wer gern herzhaft niest, der ist mit einem unbeheizten Oldtimer bestens bedient. Er niest aber nur so lange, bis er so abgehärtet ist, wie es der Mensch von Natur aus sein soll, also im Sinne des Erfinders. Außerdem braucht er »Bewegung, Bewegung, Bewegung!«, sagt der Arzt. Er weiß das, weil er selbst keine hat. Also ist es ratsam, endlich einen Oldtimer zu kaufen. Aber bitte einen ganz alten. Aus den 20ern sollte er schon sein. Mein Vater wurde mit so einem über achtzig. Rheuma hatte er nie.

Man sieht ihn hier, wie er am Wintermorgen heißes Wasser in den Kühler füllt, damit der Opel anspringt, wenn Papa gefrühstückt hat. Das gesamte Eisen muss langsam warm werden. Der Opel steht ja vor der Haustür. Frostschutzmittel helfen da gar nicht. Abends Wasser ablassen ist Pflicht. Garage? Seit wann denn das?

Sie merken schon, ernst nehmen dürfen Sie diese Story nicht. Aber es kann auch

Prävention ist alles – die morgendliche Kurbelei, selbstverständlich an der frischen Luft, ersetzt das Fitness-Studio.

nicht schaden, wenn Sie etwas dazulernen, ein klein wenig.

Vielleicht dieses: Die lebten früher gesünder, denen blieb gar nicht anderes übrig. Deshalb blickt der Mann an der Kurbel auch leicht missgelaunt. Er ahnt nicht, dass diese tägliche Übung Jahrzehnte später Geld kosten wird, wenn der Trainer den Takt ansagt: »Und vor, und runter, und hoch, und vor, und runter …«, damit das Immunsystem wenigstens anspringt. Das Studio ist geheizt. Und anschließend wieder aufs Sofa.

Für die warme Stube muss man dann keine Kohlen aus dem Keller holen, eimerweise, drei Stockwerke hoch. Das war einmal. Heute drehen wir nur die Heizung auf, falls es der Thermostat nicht schon gemacht hat.

Kein Wunder, dass die Krankenkassen kurz vor der Pleite stehen. Wir leben reparaturanfällig, wartungsbedürftig, rosten frühzeitig, verkleben, verstopfen, kommen ohne die Hilfe der Pharmaindustrie nicht mehr durch den TÜV.

Auch unser Gehirn wird kaum gefordert. Dutzende Hilfsmittel nehmen uns das Denken ab. Wir müssen nur noch darüber nachgrübeln, wo wir das Geld für all diese widernatürlichen Zusatzmittel herkriegen. Zur Post und zur Bank müssen wir auch nicht mehr laufen. Das erledigen wir per Internet.

Nun wissen Sie, wie ungesund man lebt, wenn man keinen Oldtimer hat. Ein Auto schlechthin nützt da gar nicht. Es schadet eher. Denn ich sagte »schlechthin«, also meinte ich eines von heute. Die Dinger sind gesundheitsfeindlich. Sie bewirken in keiner Weise die Segnungen, die von anerkannten Kapazitäten schon vor hundert Jahren erwähnt wurden.

So schrieb der treffliche Doktor Charles Vermeulen um 1908: »Das beständige Schütteln des Automobils ist die Idealform der passiven Bewegung, wie sie die Mediziner nennen. Sie regt die Sekretion der Verdauungsorgane an und wirkt Muskelkrämpfen entgegen. Sie bewahrt den Arterien ihre Elastizität und verhindert den Blutgefäßkrampf, der ein Vorläufer der Arterienverkalkung zu sein pflegt.

Darum sollte das Automobilfahren der bevorzugte Sport des Mannes sein, sobald er sich den Fünfzigern nähert. Und vor allem des weiblichen Geschlechts, dessen Zirkulationssystem in diesen Jahren noch mehr bedroht ist. Das Automobil ist der ideale Vibrationsstuhl!«

In jenen und auch noch in etlichen Folgejahren bis weit in die Zwanziger hinein war es dem Mann jedenfalls noch gegeben und gar ein ernsthaftes Anliegen, aus voller Brust zu vibrieren, während wir heute mit Vorliebe lässig herumhängen und solches Gehabe als cool bezeichnen.

Die Automobilindustrie fördert dieses unnatürliche Verhalten durch Konstruktionen, die den Mann nicht mehr fordern. Sie legt mehr Wert darauf, das Auge des Mannes zu reizen und in Bewegung zu versetzen durch eine an Gucci, Valentino, Lagerfeld und ähnliche Modeschöpfer erinnernde Formensprache. Es ist wohl nicht abwegig, zu vermuten, dass die neuen Modelle demnächst auf Laufstegen vorgestellt werden, den sogenannten Catwalks. Dafür spricht einiges. Und gegen Augenentzündungen gibt es schließlich entsprechende Tropfen.

Die wahre, gesundheitsfördernde Wirkung, also die so sehr angestrebte Prävention, geht allerdings von den echten Oldtimern aus.

Abends Wasser ablassen, morgens heißes Wasser wieder rein – das brachte den Kreislauf von Autler und Oldie in Schwung.

Sie können sich natürlich auch ein Pferd kaufen, eine alte Harley mit Kickstarter. Oder einen Lanz Bulldog.
Aber ich bin hier, um über Automobile zu reden. Also rate ich Ihnen zu einem alten Ford, dem A-Modell. Es ist konsequent nach den Empfehlungen des Doktor Vermeulen konstruiert und hat mir in den letzten Jahren unglaublich gutgetan. Ich beabsichtige, in Kürze 85 zu werden. Prävention ist alles.
Sprechen Sie mal ein ernstes Wort mit Ihrer Krankenkasse. Falls Sie privatversichert sind, können Sie auch den Morgan +8 ins Gespräch bringen. Da fehlt nur die Kurbel.

Die Fünfziger sind in. Und womit? Mit Recht!

So ein rasanter wirtschaftlicher Aufstieg kommt so schnell nicht wieder

Solch ein Jahrzehnt gibt's nur einmal. Noch mal auf Fünfziger machen, das geht nicht. Denn dann müsste erst einmal dieser schreckliche Krieg stattfinden, der die Menschen und überhaupt alles auf Null gebracht hatte.

Null ist die beste Ausgangsposition, aber wir sind ja schon auf Hundertzehn. Was soll da noch kommen? Deshalb blickt man neuerdings gern zurück, denn bei Null war noch alles drin. Man musste nur in die Hände spucken.

Ein atemloses Jahrzehnt war das, in dem noch Trümmer weggeräumt, aber auch schon Paläste hingestellt wurden. Es begann mit dem 300er Lloyd und endete mit dem 300 SL. Es ernannte Motorräder und Kleinstwagen zu Traumfahrzeugen und bejubelte den 356er-Porsche, der 24 Sekunden benötigte, um von 0 auf 100 zu kommen, und bei 140 Sachen das Handtuch warf. Wir applaudierten, weil alle unsere Vergleichsdaten noch Vorkriegswerte waren. Am Ende des Jahrzehnts schaffte er aber schon 200, mit links.

Am Anfang standen wir Schlange vor den Kinos, um »Grün ist die Heide« zu sehen. Und am Ende saßen wir schon daheim vor dem Fernseher.

Man musste nur in die Hände spucken, dann konnte man endlich Gas geben, statt aus eigener Kraft zu strampeln.Der Spatz war in den Fünfzigern ein Traumwagen für viele.

Anfangs schluchzten die Teenager mit dem »Rosen-Resli« um die Wette. Und dann verrenkten sie sich nach den Lustschreien von Elvis Presley und Peter Kraus die Leiber.

Davon, dass wir zu Beginn des Jahrzehnts froh und dankbar waren, uns endlich wieder satt essen zu können, ganz zu schweigen. Eine Dauer-Diät hatten wir hinter uns. Erst in dem Jahr, mit dem dieses Jahrzehnt begann, wurde die Lebensmittel-Rationierung aufgehoben.

Nun knatterten die Dreirad-Lieferwägelchen durch die Straßen, voll mit Waren vom Gemüsemarkt und vom Schlachthof. Und der Milchmann fuhr damit von Tür zu Tür, um der Hausfrau Milch, Käse und Eier zu Füßen zu legen. Kein Wunder, dass wir Gefühle hatten, die uns heute kein 1000-PS-Möchtegern-Bugatti zu bescheren vermag.

So erklärt es sich auch, dass Museumsbesucher nahezu verträumt vor solchen scheinbaren Nebensächlichkeiten wie dem Tempo-Dreirad stehen und sich Geschichten erzählen, in denen nicht nur das legendäre Umkippen in flott gefahrenen Kurven eine Rolle spielt. Wenn der Kohlenhändler die Fuhre umwarf, dann klaute man schnell noch ein paar Briketts, ehe man beim Wiederaufrichten half.

Anfangs begnügten sich die Roadster (ja, von der Karosserieform her waren es welche) mit einem Zylinder unter der Haube. Sie hießen Kleinschnittger, Champion und Spatz und trugen andere, längst vergessene Namen. Sie waren der Traum des Mannes, der es zunächst einmal zu einem Fahrrad mit Hilfsmotor gebracht hatte. So fuhr er täglich zur Arbeit und war stolz, nicht wie die anderen strampeln zu müssen. Außerdem konnte er schon Gas geben, dass es nur so knatterte.

Dass diese Erinnerungen und entsprechend auch alle diese Fahrzeuge aus jenen Jahren in sind, ist kein Wunder. Da spielt nicht nur die Sehnsucht nach dem unkomplizierteren Leben eine Rolle, sondern auch die Neugier, wie es denn eigentlich war, bevor es so wurde, wie es heute ist.

Es geschah ja nicht in grauer Vorzeit, sondern nur eben mal gestern, als wir uns einen Lloyd oder eine Isetta kauften und vom VW Käfer mit 25 PS und Seilzugbremsen überholt wurden. Es sind noch Geschichten aus dem eigenen Leben.

Der Knabe, der auf dem Sozius von Papas NSU Quickly gesessen hatte, ist heute erst ein Mittfünfziger. Und Papa und Mama leben auch noch. Das sind die, welche so zuversichtlich und begeistert in die Hände gespuckt hatten. Und die sich heute wundern, dass keiner mehr bei der Spargelernte helfen will.

Gebt den Fahrzeugen der frühen 50er Jahre ihren verdienten Stellenwert, so winzig und kurzatmig sie auch sein mögen. Beim Anblick eines Opel Rekord oder Ford 17 M fallen einem nicht halb so interessante Geschichten ein. Da war dann die Spannung schon raus. Mit 55 PS nach Italien fahren – das ist doch keine Geschichte. Das Goggomobil hatte 13, und der Dachgepäckträger war so proppevoll wie das Rücksitzbänkchen.

Erstaunliche Fakten – und doch muss man diese Zeitzeugen nicht ausgraben, es gibt sie noch. Sie sind sogar von hohem therapeutischen Wert. In ihren Anblick und ihre Geschichte vertieft, findet sich so mancher damit ab, dass der eigene Wagen nur 160 fährt und dass es momentan für eine Nummer größer und schneller nicht reicht.

Kein Geld für 200 – so arm sind wir geworden. In der zweiten Hälfte der 50er ging es dann aber so spürbar aufwärts, wie man es sich heute nicht einmal zu träumen wagt. Es kamen die Isabella und der 180er-Mercedes, beide Pioniere der Pontonform. Und wäre der legendäre E-Type um ein gutes Jahr schneller gewesen, hätte er auch noch in die 50er gepasst. Solch ein Jahrzehnt war das. Kein Wunder, dass von ihm die Rede ist, wohin man hört.

Hört? Ja, da schweife ich ab und lande bei der Music-Box. Welch ein herrliches Möbel war das – angefüllt mit den neuesten Schlagern, erzeugte es für'n Groschen Stimmung und Lebensfreude. Vorbei? Cindy, oh Cindy, du musst nicht traurig sein. Steig lieber in das Traumboot der Liebe und lausche den Mandolinen im Mondschein. Oder tanze mit mir in den Morgen.

Wir können natürlich auch mit meinem Spatz ins Grüne fahren, da, wo die Blumen blüh'n. Oder bis hinunter zu den Capri-Fischern und ihrer Bella-bella-Marie. Für unseren gelben Spatz wär' das ein Klacks ...

Der Zahn der Zeit, ein Weisheitszahn?

Sein jahrzehntelanges Nagen kann uns weise machen. Wir wissen durch ihn mehr, aber oft vernichten wir leichtfertig seine Spuren.

Da ist der abgefahrene Reifen vorne links an meinem Opel P4, einem Scheunenfund, der seit 1948 vor sich hinschlummerte. Bis dahin war er berufstätig, und es waren teils harte Jahre gewesen. Ein bisschen Frieden hatte er zwar mitbekommen – aber dann kam sein Kriegseinsatz, zwar in der Heimat, doch in der Zeit des Mangels.

Und die währte fort bis zur Erfindung der D-Mark. Wir alle, das heißt wir wenigen, die schon ein Auto haben durften, wir fuhren auf abgefahrenen Reifen.

Und dann frästen wir Rillen hinein oder schnitten das Profil nach, solange noch »Fleisch« vorhanden war. Bis das Hemd zum Vorschein kam. Wer wüsste das noch, wenn da nicht einige dieser Zeitzeugen in Blech und Gummi überlebt hätten. Nicht wegwerfen!

An meinem letzten Scheunenfund, einem Lloyd LP 300, dem legendären Leukoplastbomber, warnt gar ein Schild: »Nicht berühren! Einsturzgefahr!« Das ist zwar witzig gemeint, aber auf seinem Dach habe ich eine Schütte Stroh, ein paar abgebrochene Bretter und zwei Hühner platziert. Damit er nicht fremdelt. Nun darf er seinen Lebensabend ungestört fortsetzen und uns von damals erzählen. Er fasziniert die Betrachter mehr, als wenn er wie ladenneu dastünde. Er hat eine Geschichte, so wie wir mit unserem schütteren Haar.

Wer da abfällig von »Stehzeugen« in den Museen spricht (»Ein Oldie gehört auf die Straße, basta!«), der muss noch ein wenig reifen. Er hat den Sinn der Sache noch nicht ganz begriffen. Lassen wir seiner leichtfertigen Arroganz gegenüber dennoch Milde walten. Morgen wird auch er es besser wissen. Das ist die eine Methode, die ich als Sammler liebe und pflege. Eine ganze Scheune habe ich aufgebaut unter dem Motto »So findet man sie.« An dem, was da drinsteht, darf nicht mal Staub gewischt werden. Zur Freude des Publikums und der Putzfrauen.

Die andere ist vom völligen Gegenteil. Denn so manches meiner Fahrzeuge möchte ich so sehen können, wie es damals vor uns stand und uns den Kopf verdrehte. Als es neu und jung war wie Nachbars Marianne, die wir alle verehrten. Was hätten wir davon, wenn wir mit ihr heute im Seniorenheim Kaffee trinken dürften. Marianne im Neuzustand, das wär's doch.

Das Auto unserer Träume können wir, welch eine Gnade, in seiner ganzen Schönheit wieder auferstehen lassen. Also tun wir es und geraten erneut ins Schwärmen.

Der Fiat 508 Balilla Sport scheute vor Steigungen nicht zurück. Das Exemplar des Autors trägt den Beweis dafür noch an seiner Windschutzscheibe ...

Aber da war doch noch was, irgendetwas dazwischen – das mit den glaubwürdigen Gebrauchsspuren! So, wie Nachbars Marianne nach ihrer zweiten Ehe und ihrem dritten Kind. Mannomann, war das ein Weib! Alle Teenies dieser Welt hätte man hergeben wollen. Diese Rasse, diese Erfahrung, diese Ausstrahlung, dieser wissende Blick ...

An der Windschutzscheibe meines Fiat-Balilla-Zweisitzers klebt noch das Pikkerl vom Großglockner. Er hat ihn damals bezwungen, in den Dreißigern. Das isses doch, Leute. Nicht abkratzen, keine neue Scheibe einsetzen, um Himmels willen, Marianne!

Ich fand in diesem und jenem, meistens in der Türtasche ganz unten, hinter der Lederklappe, noch alte Tank-Quittungen. In einem sogar den ganzen Kaufvertrag vom Neuwagenhändler. In einem anderen uralte Zündkerzen, noch original verpackt. Da lehnt man sich zurück und stellt sich den Besitzer vor, den von damals, wie er kaufte, tankte, reiste, den Großglockner bezwang, im Wirtshaus am Wege einkehrte, den Staub aus seinen Sachen klopfte ...

Da steht das Tempo-Dreirad, das der Kohlenhändler fuhr. Er kippte manchmal damit in der zu schnell gefahrenen Kurve um. Dann halfen ihm einige Passanten beim Aufrichten, und andere klauten schnell ein paar Briketts.

So war das damals in den späten Vierzigern. Und da steht der kleine TRIRO-Pritschenwagen (wer kennt ihn schon noch?), mit dem sein Erstbesitzer Gemüse und Kartoffeln vom Großmarkt holte. Heute hat er vier Lastzüge und zwei Herzinfarkte.

Solche Sachen erfährt man, von denen man ohne diese Zeitzeugen nie etwas gehört haben würde.

Ein Oldtimer, der nichts mehr zu erzählen weiß, weil alles an ihm neu ist oder falsch oder weggewischt wurde, ist wie ein Mann ohne Vergangenheit. Nur in seinem Betrachter lebt das Damals wieder auf. Der Betrachter legt seine eigene Geschichte in diese Hülle hinein. Das ergibt auch einen Sinn.

Also haben sie alle drei ihre Berechtigung. Er, und der mit allen Spuren seines Alters Gesegnete, der sich kaum noch bewegen kann, der aber als Zeitzeuge unschätzbare Dienste leistet, und der jung Gebliebene, dem man aber ansieht, dass er dies und das erlebt und genossen hat, und der noch immer in der Lage ist, auf die Pauke zu hauen – wozu er förmlich herausfordert. Ich mag sie alle.

Und wenn ich jetzt wüsste, wo Marianne abgeblieben ist, würde ich ja doch ganz gern mal mit ihr Kaffee trinken.

Den Opel von 1929, in dem ich mit ihr auf dem Rücksitz saß, habe ich auch noch. ■

Wie war noch der Name?

Versuchen wir mal, uns zu erinnern …

Sieht aus wie mein Jahrgang. So in den Zwanzigern muss er auf den Markt gekommen sein. Typisches Aussehen, typische Haltung. Den kenne ich doch, aber ja! Ist es der STAR von der Durant Motor Companie in New Jersey? Der wie so viele andere seiner Zeit den Motor von Continental oder von Lycoming unter der Haube hat?

Nun, das wäre kein Erkennungszeichen. Dutzende von US-Autobauern griffen in jenen Jahren bei Continental oder Lycoming ins Regal. Wozu eine eigene Maschine basteln, wenn es diese beiden Marktführer viel besser können. Auch die Flugzeugbauer bedienten sich dort.

Aber nein, ein STAR kann es nicht sein. Dazu sieht er zu vornehm aus. Der STAR sollte doch mit dem T-Modell von Henry Ford konkurrieren. Das versuchten viele, aber weil sie Billigautos auf die Räder stellten, kamen sie auf keinen grünen Zweig. Und für das T-Modell gab es, wie später für den VW Käfer, keine ernst zu nehmende Konkurrenz. Beim Ford lag das allerdings hauptsächlich am unschlagbar günstigen Preis.

Schauen wir doch mal genauer hin. Es könnte ein Peerless sein, ein Peerless aus Cleveland, Ohio. Der Tourer von 1925 sah nicht minder edel aus, und sein Continental-Motor war nicht der billigste mit seinen sechs Zylindern und seinen 5,4 Litern. Mit dem hätte Charles Lindbergh auch nach Paris fliegen können. Aber nein, so hoch dürfen wir nicht greifen.

Und wenn auch nicht gar zu tief, so könnte es doch ein 1924er Liberty sein, vom Aussehen her. Und der kam sogar aus Detroit. Aber der hatte nur 23 PS, drei mehr als der Ford – darüber würde dieser hier wohl nur lachen.

Geben wir es doch zu: Die offenen Tourer sahen sich damals viel ähnlicher, als wir es heute wahrhaben wollen. Wenn man den Kühler nicht sieht, tappt man meistens im Dunkeln. Und doch hält man diesen hier auf Anhieb für einen Ami. Könnte da Mercedes-Benz vorn dranstehen oder NAG, Opel oder Wanderer? Nein, eher schon Fiat, gerade noch so.

Nur eines irritiert mich ein wenig: War Walter Gropius Mitte der Zwanziger schon mal drüben? Dorthin ausgewandert ist er erst 1937, aber seine Kotflügel waren schon früher da, wie man sieht. Und als er sie 1931 auf der Berliner Autoschau dem Adler Standard 6 angedeihen ließ, hielten wir das für eine kühne Novität. So naiv waren wir.

Dabei hatte nicht nur dieser 24er Ami, sondern auch unser 26er Brennabor genau diese Vorder-Kotflügel!!! Ich erlaube mir diese drei Ausrufungszeichen, denn sonst wird es schon wieder mal übersehen. Und ganz nebenbei: Beim Publikum kam dieses Styling nicht an, weder da noch dort – erst recht nicht beim hoch gelobten Adler.

Man mag das rückblickend nicht nachvollziehen, aber ich war dabei und weiß den Grund: Der elegante Schwung der vorderen Kotflügel gefiel uns allen besser, ja, hier und da war er Kult! Beim Mercedes 500 K Spezial-Roadster möchte man ihn küssen. Heute noch. Nein, heute erst recht! Er war es, der einem Automobil seine Note gab.

Irgendwann war er mir irgendwo begegnet ...

Nun gut. Wer ist es denn nun, der da mit dem vorausempfundenen Gropius-Touch, an dem mich das Zünglein fasziniert, mit dem das Trittbrett nach dem Reserverad lechzt? Nie wieder hat sich ein Trittbrett diesen Gag erlaubt. Er macht als Spritzschutz sogar Sinn.

Aber nun mal raus mit der Sprache, wie war noch der Name? Er liegt mir auf der Zunge. Irgendwann ist mir dieses Auto irgendwo über den Weg gerollt. Ich weiß es genau. War er mal hüben? Oder war ich mal drüben? Ich kenn ihn doch, es ist ein Ami, ohne Frage, er fiel mir sofort auf, damals, wann war das?

Lassen Sie mich grübeln. Also, in Detroit war es nicht. Da war ich bei jedem, der Autos baut. Wo war ich denn noch? Oh ja, bei Duesenberg in Indianapolis, richtig. Und bei diesem und jenem Sammler da drüben im Staate Indiana. Einer sammelte ausschließlich Leichenwagen, igitt, aber seine Frau konnte ausgezeichnet kochen. Und Gertrude Duesenberg konnte noch besser backen. So etwas vergisst man nicht.
Und dann fuhr ich durch Elkhart. Elkhart? Habe ich da nicht gar übernachtet, gibt es ein Motel in Elkhart? Boing! Jetzt ist der Groschen gefallen – es ist ein Elcar! Ein was? Ja, ein Elcar! Er heißt so, weil er in Elkhart gebaut wurde. Na also, nun haben wir's – es ist ein Elcar aus Elkhart. Schon damals hatten es die Autobauer mit der Namensfindung schwer, wie man sieht. Was hätte man doch aus Dingolfing machen können – den Dingo anstelle des Goggo. Aber mich fragt ja keiner. Er fährt einen Dingo – wie hätte das geklungen!
Der Elcar kam keineswegs aus dem Nichts. Er war mal eine Kutsche, die »Sterlings« hieß, bis aus ihr im Jahr 1916 der Elcar mit Motor wurde, ein Car eben. Und natürlich hatte er einen Lyco-

ming-Versandhaus-Motor unter der Haube. War das eine Lust damals, ein Auto zu bauen. Man bekam fast alles ins Haus geliefert. Die Achsen, die Räder, das Getriebe von Warner, die Blattfedern und den Motor. Nur noch zusammenbauen und mit einem schicken Aufbau versehen. Den machten sie in Elkhart sogar selbst und waren stolz darauf.

Alte Kutschwagenbauer geben so etwas nicht aus dem Haus. Woher sie schon 1924 die Gropius-Kotflügel hatten, das weiß der Himmel. Aber mal ehrlich – war das nicht die allereinfachste Lösung, wenn es darum ging, ein Rad zu überdachen? Ich erinnere mich an mein erstes Fahrrad und an meine erste DKW – da war es genauso, und wir nannten es Schutzblech.

Ich weiß, dass Sie es endlich wissen wollen. Also unser Elkhart ist das 60-pferdige Modell »Speedway Sport« mit sechs Zylindern von Lycoming. Ein Highlight im Programm, während das Modell »Touring« aus der gleichen Produktion ganz normale Kotflügel hat. Vorn mit ein wenig Schwung. Dazu Holzspeichenräder – und kein Zünglein am Trittbrett.

So war das damals in Amerika. Wer immer Lust dazu hatte, konnte Autos bauen. Deshalb gibt es so viele Namen, die man sich einfach nicht alle merken kann. Aber ich wusste, dass ich dieses Auto schon mal gesehen und seinen Namen schon mal gehört hatte. Damals in Elkart, Indiana.

Deshalb habe ich diese Geschichte erzählt. Wenn Sie mal wieder in Indianapolis sind, sollten Sie einen Abstecher nach Elkhart machen. Vor vierzig Jahren, als ich dort war, stand das Werk noch ...

1932: Henrys Rache

Mit dem V8 als erstem Billig-Achtzylinder Amerikas schlug Henry Ford zurück, als Chevrolet begann, seinem A-Modell mit einem sensationellen Sechszylinder das Wasser abzugraben.

Nun gut, mag sich Henry Ford im Jahr 1927 gedacht haben, mein T-Modell wollt Ihr nicht mehr haben, also machen wir den Laden mal für ein halbes Jahr zu und legen ein modernes Auto aufs Band, das A-Modell. 40 PS, sagte er sich, das Doppelte vom T-Modell, kein Mensch braucht mehr. So kann es nun mit der Einmodell-Strategie lustig weitergehen.

Gesagt, getan, das A-Modell kam 1928 zu einem Zeitpunkt, als sie bei Chevi noch nicht einmal Bremsen an der Vorderachse hatten. Henry war guter Dinge, legte sich aufs Ohr, zog die Decke über den Kopf und wollte erst mal Ruhe haben. Das Erwachen war furchtbar:

Ein Jahr später startete Chevrolet seinen sensationellen Sechszylinder mit Ohv-Motor und einer Karosserie, die das A-Modell an eleganter Linienführung übertraf. Es war mit 595 Dollar zwar um einiges teurer als das 450 Dollar billige A-Modell, aber es wurde auf Anhieb ein Bestseller.

Henry schwor Rache und verfiel auf die grandiose Idee, dem sechszylindrigen Chevy Amerikas billigsten Achtzylinder entgegenzusetzen.

Schon 1932 begann der Start des ersten massenproduzierten Achtzylinders der Welt mit einem Hubraum von 3,6 Liter und etwa 70 Pferdestärken. Er kostete 460 Dollar, nur lächerliche zehn Dollar mehr als der Vierzylinder, dessen Chassis er sich bediente. Und heute wissen wir, dass er es war, der die Amerikaner für alle Zeiten auf V8-Triebwerke umtopfte. Henry Ford war eben doch der Größte.

Die Weltwirtschaftskrise (in den USA währte sie länger als bei uns) kam ihm zwar dazwischen, aber weil er seinem V8 jedes Jahr zumindest eine neue Kühlermaske spendierte und ihn auch sonst dem Zeitgeschmack anpasste, konnte er schon 1935 den einmillionsten verkaufen und endlich wieder ruhig schlafen. Von seinem simplen Fahrwerk mit je einer Blattfeder über der vorderen und hinteren Starrachse sagte sich der leise röchelnde Kraftmeier aber nie los. Das störte die dahingleitenden Amerikaner überhaupt nicht, und hier zu Lande hatten die wenigsten Autler Gelegenheit, seine Straßenlage auszuprobieren.

Dennoch statuierte Erich Petzold aus Köln im Jahr 1936 ein Exempel. Er lud drei Mitfahrer in seinen Ford-V8, der es inzwischen auf 90 serienmäßige PS gebracht hatte, und jagte mit ihnen über die Reichsautobahn Frankfurt-Bruchsal drei Mal hin und zurück. Da kamen 652 Kilometer zusammen, die er mit einem 130er-Schnitt abspulte, wobei sich herausstellte, dass der V8 es auf 142 km/h Spitze zu bringen vermochte. Das war die bisher höchste erzielte Reisegeschwindigkeit und Autobahnfestigkeit eines in Deutschland gebauten Tourenwagens. (Der V8 kam als DEUTSCHES ERZEUGNIS aus Köln.) Es war ein Wert, der in jenen Tagen noch nicht einmal von einem Reihenachtzylinder-Horch erreicht wurde. Der war drei Mal so teuer wie der Ford und musste schon bei 120 km/h passen. Ach ja, die V8-Limousine kostete ab Köln im Jahr 1938 knapp 5000 Mark, als ein Mercedes 170 V knapp 4000 Mark kostete.

Vergleichen wir den Ford-V8 mit einem deutschen V8, so stoßen wir auf den Horch 830, einen Dreiliter in V-Form, der 70 PS mobilisierte und es auf 115 km/h brachte. Er kostete siebeneinhalbtausend Mark.

Weshalb, um alles in der Welt, schlug deshalb Henry's Wunderwaffe nicht alle einheimischen Klassengegner?

Mir fällt ein Witz ein aus jenen Tagen. Ich las ihn in irgendeinem Fachblatt:

»Stellen Sie sich vor, Ihr Konkurrent, der Bimshuber, hat sich einen Achtzylinder gekauft.« »Tatsächlich? Das ist ja unglaublich, unerhört ist das ...« »Regen Sie sich doch nicht auf, es ist ja nur ein Ford.«

Das ist es. Wer damals einen Achtzylinder erwerben und unterhalten konnte, der hatte es nicht nötig, einen billigen Achtzylinder zu kaufen. Das war drüben in den Staaten etwas völlig anderes. Hier aber drohte Herr Generaldirektor Obermüller gar sein Gesicht zu verlieren, wenn er sich in einem Billig-Achtzylinder gezeigt hätte. In seinen Kreisen fuhr man Maybach, Horch, Mercedes.

Und in den Kreisen weit darunter wartete man auf den Volkswagen für einen knappen Tausender.
Allein die Kosten für Haftpflicht- und Kasko-Versicherung eines Achtzylinders entsprachen dem Monatsgehalt eines gut dotierten Angestellten. Und wenn auch der Kraftstoffpreis von 38 bis 40 Pfennig pro Liter uns Heutige in wehmütiges Schluchzen versetzt, so entsprach er doch dem Gegenwert für eine halbe Arbeitsstunde des normalen »Volksgenossen«.
Und schließlich sind wir auch heute noch nicht so weit, dass wir uns eben mal einen Achtzylinder leisten können. Es sei denn, einen Oldie von drüben. Ich habe denen in meiner aktiven Zeit als Autotester so manchen Lorbeerkranz gewunden: »Das Leben beginnt mit acht Zylindern« – »Hubraum ist nun mal durch nichts zu ersetzen« – »Du fährst auf einer Wolke, die ein Engel schiebt« – »Wenn sich auch nur eine Fliege aufs Gaspedal setzt, geht er schon auf und davon«.
Und nichts von alledem nehme ich zurück. ■

Henry Fords letzte Großtat: der Sprung vom A-Modell zum V8. Er überraschte die Welt mit dem billigsten Achtzylinder aller Zeiten.

Der Traum vom »Sportwägele«

Der Mann, der damals im Bugatti oder im Mercedes SSK, später im 300 SL oder im Porsche Carrera seinen Traumsportwagen sah, konnte ihn sich oft auch leisten. Der kleine Mann hingegen, der von einem »Sportwägele« träumte, blieb meist auf seinem Motorrad sitzen.

Männer träumen von Sportwagen, Männer können gar nicht anders, Männer müssen so sein. Man könnte einen Schlager daraus machen. Die Autobauer wissen das und nutzen es schamlos aus. Sie wussten es auch damals schon, als sie etwa beim kleinen einzylindrigen Hanomäxchen dem offenen Wagen und der Limousine noch einen »Sport-Zweisitzer« hinzugesellten. Er zeichnete sich dadurch aus, dass er an Stelle der Türen zu beiden Seiten einen Ausschnitt in der Gürtellinie hatte zum Drüberhopsen.

Noch heute darf man sich wundern, dass der so Abgespeckte nicht etwa billiger, sondern ganz erheblich teurer war als der offene Zweisitzer. Gewiss, er war weiß lackiert, hatte rote Kunstledersitze und wog einen ganzen Zentner weniger als die Limousine. Das winzige Zehn-PS-Motörchen hatte mit ihm also weniger Mühe beim Beschleunigen und am Berg. Das war das Sportliche an ihm. Schneller war er mitnichten. Bei 60 km/h war so oder so Schluss. Träumte man wirklich von ihm? Aber ja! Männer sind Kinder.

Konnte dieser Traum wahr werden? Kaum, denn damals lag der Kaufpreis des Hanomäxchens um einen halben Tausender über dem Jahreseinkommen eines Facharbeiters und entsprach in etwa dem Jahreseinkommen eines gut bezahlten Angestellten. Also graue Vorzeit? Nein, denn das wiederholte sich ein Vierteljahrhundert später, in jenen Tagen, an die wir uns noch erinnern können, und sei es nur vom Hörensagen. Also in den Fünfzigern. Da stand im Schaufenster des Zweiradhändlers ein wunderschönes Sportwägelchen. Auf seiner ungewöhnlich breiten Sitzbank fanden Vater, Mutter und Kind Platz. Und es hatte auch einen zehnpferdigen Einzylinder-Motor hinter der Rückenlehne. Und es war auch ein Jahreseinkommen teuer! 3350 Mark plus Fracht. Man konnte es sogar in Rot haben. Es nannte sich Spatz.

So weit nur zwei Beispiele. Ich war ihr Zeitgenosse und weiß, dass sie ungeachtet ihrer schmalbrüstigen Kraftwerke in den Augen vieler Männer Sportwägelchen waren. Kein Wunder also, dass *auto motor und sport* im Jahr 1951 den zweizylindrigen Gutbrod Superior mit schnittiger Sonderkarosserie einen »begeisternden kleinen Sportwagen« nannte. Er hatte ganze 26 Pferdestärken. Oder der kleine Dixi mit Ihle-Sportka-

Mit nur einem Zylinder und zehn PS, aber Dreier-Sitzbank: ein »Traumsportwägelchen« der fünfziger Jahre.

rosserie aus den frühen Dreißigern: Er sah aus wie ein Westentaschen-Bugatti, und er war immerhin halb so schnell.
Die Männer verloren bei seinem Anblick schier den Verstand. Das hat später nur der Mini-Rock geschafft. Der Zauber liegt demnach im Weglassen. Auch mit ihren Einliter-Motörchen waren die kleinen Briten-Roadster Traumsportwagen. Und sie sind das für den Oldtimerfreund noch heute. Er ist es schließlich auch, der den Begriff Sport noch sportlich sieht. Er verlangt weder nach 200 km/h Spitze noch nach dem Windschott.
Zu den Traumsportwagen dieses Jahrhunderts zählen für mich eine Unmenge kleine, von denen ich von meinem zehnten Lebensjahr an träumte.
Noch heute sehe ich jenes junge Ehepaar mit Kind vor dem Schaufenster des Fahrradhändlers in der Hamburger Grindelallee stehen und höre es laut vor sich hinträumen: Der erste Spatz war soeben eingetroffen. Man hatte sein Bild zuvor mal im Abendblatt gesehen. Aber so, wie er da jetzt vor einem stand – ein Traum von einem Sportwägelchen. »Der wär' was für uns drei«, sagte der Vater, und das Kind krähte fröhlich: »Kaufste den?« Aber Mutter seufzte: »Das schaffen wir nie«, und dann gingen sie weiter. So war das damals, auch wenn es der Leser heute kaum glauben mag.
Es kommt darauf an, wen man fragt. Und leicht kann man zur Antwort bekommen: »Es war alles ganz anders, aber das kann sich heute keiner mehr vorstellen.«
Es soll sogar Männer geben, die nie von einem Porsche geträumt haben. ■

So weit kommt's noch, oder?

Ein gewagter Blick voraus

Landratsamt, 2. Stock, Zimmer 23, zehn Uhr und fünf Minuten. Der Prüfer sitzt bereits am Tisch, vor sich ein Formblatt, in der Rechten einen Kugelschreiber, links eine leicht erhöhte Augenbraue.

Der Prüfling kommt herein, zehn Uhr sechs. Entschuldigt sich. Überreicht dem Prüfer die Vorladung. Der vergleicht das Papier mit dem Prüfling, nickt. »Also, legen wir los. Frage eins. Was erfand ein Mann namens Benz?«

Aha, denkt der Prüfling, Auto, weiß doch jeder, Fangfrage also. Räuspert sich und sagt: »Das Benzin.«

Der Prüfer tippt mit dem Kugelschreiber dreimal aufs Papier und macht dann irgendwo ein Kreuzchen. »Weiter. Wo sitzt die Drosselklappe?«

Die Drosselklappe? Was drosselt die denn? Also, äh, ich nehme an, Geräusche. »Im Auspuff«, sagt er. Und der Prüfer macht ein Kreuzchen.

»Wenn man Zwischengas gibt in Verbindung mit Zwischenkuppeln, wo befindet sich dabei die rechte Hand?«

»Am Lenkrad natürlich. Immer beide Hände am Lenkrad. Herr Inspektor. Zumal, wenn man Gas gibt.«

Der Prüfer macht ein Kreuzchen. »Wozu dient der Wabenkühler?« Klopf, klopf, klopf, der Kugelschreiber wirkt ungeduldig.

Der Wabenkühler? Was ist denn das? Aber, was soll er schon machen, wenn er so heißt, also: »Er kühlt die Waben ...«

»Sind Sie sicher?«

»Sagen wir mal, zu fünfundsiebzig Prozent. Kann ich die Frage vielleicht tauschen?«

»Hier nicht. Also, er kühlt die Waben, soso.« Der Prüfer macht ein Kreuzchen.

»Was war zuerst da, die Eingelenk- oder die Zweigelenk-Pendelachse?«

Das ist leicht, klarer Fall.

»Die Eingelenk-Pendelachse, dann kam die Zweigelenk-Pendelachse. Fortschritt muss sein.« Der Prüfling grinst erhaben. Der Prüfer macht sein Kreuzchen.
»Spur und Sturz, diese beiden Begriffe gehören zusammen, weshalb?«
Na bitte, die schweren Fragen sind weg. »Weil, wenn man nicht in der Spur bleibt, stürzt man, haha.« Der Prüfling wirkt erleichtert. Und der Prüfer macht ein Kreuzchen.
»Weshalb heißt der Steigstromvergaser so und nicht anders?«
Gemeine Frage. Vergaser. Da haben doch neulich am Stammtisch welche von gefaselt. Solex, richtig, und der Hersteller war Solex. Stromberg, richtig, auch der, also, klarer Fall: »Weil er von der Firma Steigstrom hergestellt wird.«
Dem Prüfer wollen die Gesichtszüge entgleisen. Deshalb schnäuzt er sich ausgiebig ins Taschentuch. Er muss neutral blicken, sachlich, dienstlich. Lachen kann er später.
»Wo am Auto ist das Ventilspiel von Bedeutung?«
Der Prüfling schmunzelt, lehnt sich zurück. Ob man hier rauchen darf? Wagt nicht zu fragen. »Bei den Reifen, Herr Inspektor, bei den Reifen.« Und der Prüfer macht ein Kreuzchen.
»Wie sieht eine Torsionsfeder aus, nur so in etwa?«
Der Prüfling hebt die rechte Hand, streckt den Zeigefinger nach oben, versetzt das Ganze in eine Drehung. »Wie 'ne Wendeltreppe...« und denkt an eine Schraubenfeder, ist auch noch stolz auf seine Geste. Und der Prüfer macht sein Kreuzchen.
»Wie betätigt man eine Seilzugbremse?«
Eine was? Was ist denn das? Seilzug? Das muss aber schon lange her sein. Also »Man zieht am Seil, nehme ich an, irgendwie, sonst geht's ja gar nicht.« »Mit den Händen?« »Klar, wie sonst. Ich habe das aber nie gesehen. War wohl im Mittelalter ...«
Und der Prüfer macht ein Kreuzchen.
»Diagonal-Reifen. Was halten Sie davon?«
»Moment mal, Diagonal? Also kein Michelin, kein Dunlop, kein Pirelli, äh, Diagonal? Die Firma gibt's doch gar nicht mehr. Oder?«
»Was sagt Ihnen das Wort versulzt? Es hängt mit einer bestimmten Jahreszeit zusammen, und was kann man dagegen tun?«
Die Antwort kommt rasch. »Klar, die Straßen im Winter, zu viel Salz drauf. Man kann nichts tun außer zu Hause bleiben. Isses das?«
Der Prüfer schweigt und macht sein Kreuzchen. »Was ist ein Choke, und wann zieht man ihn?«
»Den Joke?« so spricht er es aus, »den Joke? Beim Kartenspiel, glaube ich. Aber ich bin kein Skatspieler, Heißt es nicht Joker?«

Foto: SV-Bilderdienst

Was macht der Prüfer? Sein Kreuzchen. »Die Verteilerkappe. Wischt man sie von außen oder von innen trocken, wenn der Zündfunke mal ausbleibt?«

Also, jetzt würde ich doch ganz gern eine rauchen. Jetzt wird es ja wieder leicht. »Von außen natürlich. Von innen kann sie ja nicht nass werden, so unter der Motorhaube. Da sitzt sie doch, oder?«

Dem Prüfer reicht es. Er verzichtet auf weitere Kreuzchen. Bis auf das eine ganz unten rechts neben der Zeile »Antrag abgelehnt«. Das macht er noch.

Dann lehnt er sich zurück und legt den Kugelschreiber aus der Hand. »Und ...?« fragt der Prüfling erwartungsvoll. »Sie konnten keine einzige Frage richtig beantworten. Wir machen gar nicht erst weiter. Ihr Antrag für eine H-Nummer ist abgelehnt. Sie sind kein Oldtimer-Fan. Sie wollen nur Geld sparen bei Steuer und Versicherung. Und eine alte Krück billig bewegen. Wir kennen das. Sie kriegen Bescheid. Das war's. Sagen Sie dem Nächsten, er soll reinkommen. Guten Tag auch.«

So weit kommt's noch. Oder?

Wenn Sie mich fragen, zitiere ich nicht Goethe, sondern Toyota: Nichts ist unmöglich.

Und an manchem sind wir sogar selbst schuld.

Ein kühner Blick voraus oder: Die Hoffnung stirbt zuletzt

Wann das Folgende eintreten wird, weiß ich nicht, also kann ich dem Leser nichts Konkretes versprechen. Aber ich darf einmal so vermessen sein, zirka zwei bis drei Jahrzehnte vorauszublicken:

Sensationelle Erfindung! Ein Schlossermeister aus Tadschikistan hat ein neues Türöffnungssystem für Automobile zum Patent angemeldet, das unsere immer heftiger werdende und überaus berechtigte Sehnsucht nach Vereinfachung der uns terrorisierenden technischen Abläufe in hohem Maße erfüllt: Zum Öffnen der Autotür benötigen wir nur noch ein kleines Metallstück. Wir stecken es in einen im Türgriff angeordneten Schlitz und drehen es ein paar Millimeter nach rechts (beim Schließen nach links), und schon lässt sich die Tür öffnen!

Das Erstaunliche ist, dass sich hierbei jegliche elektrische oder elektronische Mitwirkung erübrigt. Das System ist so simpel, dass Störungen auszuschließen sind. Das mit Kerben versehene Metallstück wiegt lediglich fünf Gramm. Auch bei völlig entleerter Batterie ist ein Versagen unmöglich.

Die Nachricht von einer ähnlich revolutionären technischen Sensation erreicht uns aus Hinterindien. Dort hat ein kleines, kaum bekanntes Fahrzeugwerk, das bisher hauptsächlich Eselskarren und Fahrrad-Rikschas produzierte, bei seinem ersten selbst konstruierten Automobil einen, wie wir meinen, dem Ei des Columbus nicht unähnlichen Wurf gelandet.

Das Heben und Senken der Seitenscheiben geschieht auch hier ohne Mitwirkung von Elektrik und den entsprechenden Motoren, Impulsgebern und so weiter. Man betätigt lediglich von Hand eine kleine Kurbel. Der ganze Mechanismus kostet und wiegt nur einen Bruchteil der bisherigen aufwendigen Lösung und ist nicht im Geringsten störanfällig. Der für die Erfindung verantwortliche Ingenieur war bisher mit der Konstruktion von Tretkurbeln und manuellen Kaffeemühlen beschäftigt und wurde nun in die Entwicklungsabteilung des aufstrebenden Werkes versetzt. Aus dieser Gegend dürfte also noch einiges zu erwarten sein. Wir werden uns warm anziehen müssen.

Aber auch in der westlichen Welt gibt es eine begrüßenswerte Neuerung. So hat die europäische Kommission für die Senkung der Fahrzeuggewichte, Reparaturkosten, Unfallzahlen und des Energieverbrauchs vorgeschlagen, jegliche elektronischen Hilfsmittel wie Rückfahr- und Einparkhilfen, Abstandswarner und dergleichen durch um 500 Prozent verbesserte Rundumsicht-Verhältnisse zu ersetzen. Ein Mustermodell wurde bereits vorgestellt. Es erregte Beifall und Bewunderung wegen seines von keinem Stilbruch geprägten Äußeren.

Wegen der gegebenen Zeitnot hat man auf eine völlige Neuentwicklung verzichtet und stattdessen dem bekannten Oldtimer-Museum in Wolfegg das Idealmodell entnommen. Es handelt sich um einen Opel Kadett vom Typ A aus dem Jahr 1962.

Wiederum aus einem Land, das sich erst vor Kurzem entschlossen hat, in die Reihe der Automobile produzierenden Staaten aufzurücken, kommt eine äußerst fortschrittliche Anregung. Das erste neuguineische Modell brilliert mit einem radikal aufgeräumten Cockpit und begnügt sich mit einem einzigen Rundinstrument. Es ist im Geradeausblick-Bereich des Fahrers angeordnet und verzichtet auf jegliche den Fahrstil störenden Informationen – eine Wohltat für Auge und Hirn! Aber auch für das Ohr.

Einem erstrebten Testbericht entnehmen wir, dass keinerlei akustische Irritationen zu vernehmen waren – es hat weder gepiepst noch geblinkt. Im Bestreben, dieses Ziel zu erreichen, wurde auch das Radio weggelassen. Der Tester vernahm nur deutliche Motorgeräusche.

Ich blicke nun weiterhin voraus und stoße auf weniger erfreuliche Neuigkeiten und Geschehnisse.

»Mein Mann hat sich heute morgen bei der Eingabe seines Fahrzieles vertippt. Er wollte eigentlich nach Mainz und befindet sich nun auf dem Weg zum Mond. Wie ich einer verstümmelten Nachricht entnehmen konnte, ist die Reset-Funktion ausgefallen, weil kaum noch Batteriestrom vorhanden war. Was, um Himmels Willen, soll ich jetzt bloß machen?«

»Warten Sie, bis er oben ist, und beauftragen Sie sodann den ADAC mit der Rückholung.«

Und dann erblicke ich dieses Inserat: »Einstiegsschuhe für beide Hände. Innen weich, außen griffig. So kommen Sie auf allen Vieren viel besser in Ihren Wagen rein. Und wieder raus. Auch mit Winterprofil. Handschuhgröße angeben!« Das musste ja kommen. Um die erlaubten 100 km/h genießen zu können, sind die Autos immer flacher und windschlüpfiger geworden. Der Käufer will das so haben. Es ist seit Jahren in.

Den neuen Porsche kann man nur im Liegen fahren – auf dem Bauch, Kopf

Back to the roots. Vieles, was heutzutage in modernen Autos als elektronisches Helferlein für jede erdenkliche Situation gepriesen wird, wird als unnützer Ballast empfunden. Fehlt nur noch, dass sie demnächst Freikarten fürs Hallenbad ausdrucken.

voraus. Wie Kinder beim Rodeln. Aber billig ist er nicht. Darum verkauft er sich auch so gut. Der Mann von Welt trägt Einstiegshandschuhe und ein Bauchpolster aus Kamelhaar.

Meine Frau will wissen, weshalb ich so missgelaunt vor mich hinstarre. Is was? Aber nein, ich blicke doch nur ein wenig voraus, Ein wenig? Ja, zum Glück. Alles will ich gar nicht wissen. Mir brummt schon jetzt der Schädel.

Ich werde nachher ein Stündchen an der frischen Luft herumfahren. Der alte Zweisitzer ist das ganze Jahr über zugelassen. Man nennt das Prävention, sagt mein Arzt. Und er rät es mir.

Ich werde die Windschutzscheibe umlegen und den Frühling genießen. Fensterkurbeln hat er nicht, er hat gar keine Fenster. Auch keine Schlitze in den Türgriffen, weil man damals schon wusste, dass auch verschlossene Autos geklaut werden. Er ist, an meinem Blick in die Zukunft gemessen, ein unglaublich fortschrittliches Auto. Seine Genialität liegt im gekonnten Weglassen.

Dieser Henry Ford, das war schon einer!

Nicht nur Retro-Design, auch Retro-Sein ist angesagt

Handeln, denken, fühlen wie damals, als wir und die Dinge, mit denen wir umgingen, noch nicht durchgeknallt waren. Das könnte ein heilsamer Prozess sein.

Weil es hier um Automobile geht, nehme ich einmal den Opel Kadett A als Beispiel dafür, dass weniger mehr sein kann. Man sollte ihn sich zu Herzen nehmen, diesen sympathischen Bruder Leichtfuß, wenn man über Autos nachdenkt. Das gilt für Konstrukteure und Käufer gleichermaßen, die offenbar der irrigen Ansicht sind, heute müsse alles, was machbar ist, auch drin sein.

Und da wiegt es dann und kostet und irritiert nur und kapriziert sich bis zum Versagen! Es finden sich wahrhaft erschreckende Beispiele für solchermaßen überfrachtete Neuschöpfungen nebst ihren Betriebsanleitungen vom Umfang eines großstädtischen Telefonbuchs.

Fortschritt? Nein, Fortschritt ist für mich die geniale Vereinfachung!

Der sogenannte Nachkriegs-Kadett kam 1962 auf den Markt, und er war trotz seiner Kürze von knapp unter vier Meter groß genug für die Normalfamilie, zumal ihn sein geräumiger und gut nutzbarer Kofferraum nicht nur alltagstauglich machte, sondern auch reisetauglich.

Und, bitte nicht weghören: Er wog nur 690 kg! Das ist es, was mich bewegt.
Sein 40 oder auf Wunsch 48 PS starkes Motörchen erreichte sein maximales Drehmoment schon bei 2000 min. Daraus resultierte eine für ein Ein-Liter-Motörchen erstaunliche Elastizität.
Es stand frei und unverbaut zwischen den Vorderrädern und schickte seine Kraft über ein leicht und ohne Umwege über einen Mittelstock schaltbares vollsynchronisiertes Vierganggetriebe per Kardanwelle nach hinten. Dort wurde sie von einer neuartigen Zentralgelenkachse aufgenommen, der man beste Spurhaltung und somit schonenden Umgang mit den Reifen bei geringster Neigung zum Trampeln nachsagte.
Diese Kraft reichte aus für 120 oder 135 km/h. Die Vorderräder hingen an Doppelquerlenkern, und er lenkte und bewegte sich so leichtfüßig, dass Freude am Fahren aufkam. Die war so groß, dass ich sie später beim ersten Testen des Frontantriebs-Nachfolgers auf Anhieb vermisste.
Man lächle nicht über die genannten Daten. Wie sah es denn 1962 bei Volkswagen aus? Dort standen dem Käfer in Exportausführung für die Fortbewegung von 760 kg Leergewicht 34 PS zur Verfügung, aus denen erst 1965 beim 1300er 40 PS wurden – worüber sich niemand mokierte. Und beim »großen« VW 1500 mussten dann 45 PS für 875 kg herhalten. Von einem gescheiten Kofferraum war aber auch dann noch nicht die Rede. Der Käfer brachte es zu jener Zeit auf 115 km/h, und er brauchte für den Spurt von 0 auf 100 zehn Sekunden mehr als der Kadett. Und so ganz nebenbei für jene, die damals noch keine Vergleiche anstellen konnten: Der Mercedes 180 gab sich bei seinem Debüt mit 52 PS für 1200 kg zufrieden.
Dennoch sind diese Zahlen zum Kernpunkt eher nebensächlich. Ich will die sinnvolle Einfachheit rühmen, die zu einer solch raumökonomischen Bauweise wie beim Kadett führen kann, und zu einer Karosserieform, die sich durch beste Übersichtlichkeit auszeichnet. Heute müssen sich die Fond-Passagiere so vieler Blechgehäuse mit wahren Gucklöchern zufrieden geben, und was hinter seinem Wagen geschieht, das kann der Fahrer nur ahnen. Nochmals die provozierende Frage: Ist das Fortschritt?
Ich weiß natürlich, was einer solch schlicht gestalteten und vernunftorientierten Karosserieform heute im Wege steht.
Da ist zum einen der Windkanal, dieser weit überschätzte und doch oft genug hinterrücks überlistete Götze, der seine Anbeter jahrelang so fest im Griff hatte, dass uns schon das Gähnen überfiel. Dennoch mehren sich heute die Abtrünnigen. Das wird offenbar, wenn man diese teils skurrilen Gebilde betrachtet,

Weniger ist mehr: Der Opel Kadett A besticht durch seine einfache Technik – unnötige Kompliziertheit ist ihm fremd.

die vom Veitstanz befallene Zeichenstifte neuerdings zu Papier und leider auch zu Blech bringen.

Und da sind wir schon bei Punkt zwei. Das sind die Designer, die sich mit einer so schlichten Form wie der des Kadett natürlich kein Denkmal setzen können. Der Schuhkarton als raumökonomisch optimalstes Gehäuse wurde schließlich schon lange vor ihrer Zeit kreiert – seine Vorzüge konnten bis heute nicht wirklich überboten werden.

Hinzu kommt die Sicherheitshysterie, von der wir alle befallen sind, nein befallen wurden, wohl ahnend, dass unsere naturgegebenen Instinkte mehr und mehr verkümmern, weshalb wir uns mit Schutzwällen aller Art umgeben müssen. Dazu zählt die Knautschzone ebenso wie die durch Airbags gebildete Gummizelle, in die wir wohl bald auch hineingehören werden, wenn wir uns weiter manipulieren lassen. Von ABS, ESP und all diesen als Gehirnersatz tätigen Hilfsmitteln ganz zu schweigen. Wozu noch defensiv oder ganz einfach vernünftig fahren, wenn man von solchen Schutzengeln umzingelt ist?

Die Frage, was sie kosten, was sie wiegen, wie sehr sie komplizieren und sich verselbständigen und ins Uferlose vermehren, stellt man nicht – dann müsste man ja wieder zu denken beginnen.

Und während beispielsweise ein VW mit einem einzigen Rundinstrument auskam, platziert man uns heute in ein Cockpit, das mit Instrumenten derart überfrachtet ist, dass es zu ihrer Bedienung und Überwachung eines Co-Piloten bedürfte.

Je älter der Oldie ist, in dem ich über Land fahre, umso mehr wundere ich mich darüber, dass ich ohne all diesen Schnokus auskomme und lebend ankomme. Liegt es daran, dass ich nicht nur die Zündung, sondern auch das Gehirn einschalte, wenn ich starte?

Gewiss, man muss dem gestiegenen Verkehrsaufkommen Rechnung tragen und bei der Konstruktion dafür geeigneter Verkehrsmittel etwas weiter denken als zu Oldies Zeiten. Dieses »Rechnung tragen« sollte aber auch darin bestehen,

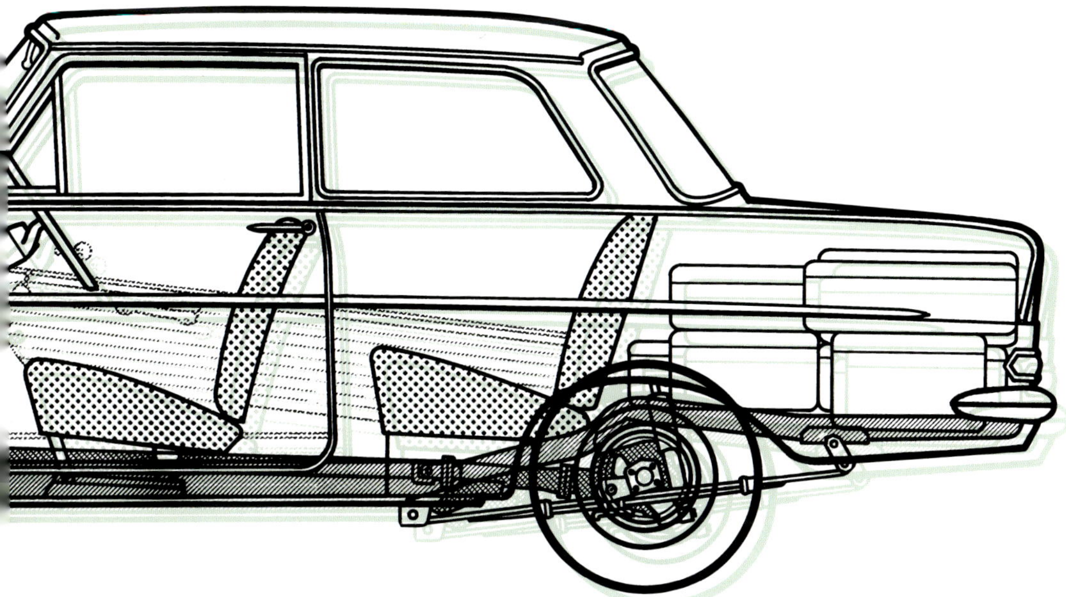

dass man aufhört, in jedes, auch das kleinste Gehäuse, immer mehr dem stürmischen Vorwärtsdrang dienende Kräfte hineinzupacken. Also: Mit Schmackes gegen den Vordermann, wohin den sonst ...

Was heute geschieht, und die IAA hat es wieder gezeigt, ist bei aller Lobhudelei durch die zunehmend kritiklos schreibende Zunft nichts weiter als die Vervollkommnung des Konsumidioten. Man schnitzt ihn sich so zurecht, dass er glaubt, er müsse dies alles haben und natürlich auch bezahlen. Zeigt ihm bloß keinen Kadett A, er könnte ja auf dumme Gedanken kommen. Mit der Basisversion des Automobils schlechthin, und mag sie noch so ausreichend und vernünftig sein, ist schließlich so gut wie kein Geld zu verdienen.

Auch das zögerlich aufkommende Retro-Design dient nicht wirklich einem Zurück zur Basis. Die Heilung käme erst, wenn der Käufer und überhaupt der vollkommen durchgedrehte Mensch von heute sich dem Retro-Sein zuwenden würde: Handeln, denken, fühlen, entscheiden wie damals, als Millionen Fahrer in Millionen Autos auf Millionen Kilometern mit einem einzigen Rundinstrument auskamen.

Und als man ohne Navigationssystem von Hamburg kommend den Schlossplatz in Wolfegg fand.

Irgendetwas läuft falsch, Leute, irgendetwas ...

»Immer, wenn ich glücklich bin ...«

»... dann singe ich ein Lied.« So lautet ein Schlagertext aus jenen Jahren. Und in diesen Tagen hört mich Liane häufiger als je zuvor singen.

»Du singst ja schon wieder, ich denke, du schreibst«, ruft sie gerade, während sie dem Fleck in meiner Khakihose zu Leibe rückt. Es ist ein Ölfleck, versetzt mit Mathy, also ist ein 3,2-Liter-Vierzylinder-40-PS-Motor an ihm schuld. Ihm verzeihe ich derzeit alles. Sie kennen ihn. Es ist der, der so heiser röchelt. Welch ein Sound aus alten Tagen!

Und weshalb singe ich, obwohl mir doch schon im Musikunterricht vor sieben Jahrzehnten geraten wurde, dass ich tun könne, was immer ich wolle, nur bitte nicht singen?

Ich rechtfertige mich damit, dass gerade jene Schlager, die zu meinen Oldies passen, auch von mir dargeboten werden können. Man kann sie sprechsingen, und der Zigarillo im Mundwinkel gibt ihnen dabei noch den letzten Pfiff.

Das wusste schon der blonde Hans, als er »Good bye Jonny« sang oder »Flieger, grüß mir die Sonne«. Stellen Sie sich das einmal von Dieter Bohlen vor. Man fuhr damals gerade den SSK und den kleinen Dixi, den Horch 8 und den Opel Laubfrosch. Und träumte von einer »Nacht in Monte Carlo«.

Zur Sache. Weshalb singe ich? Weil ich Post bekommen habe. Grob gezählt an die 300 Briefe. Auf einen Schlag. »An einem Tag im Mai«. Richtig, ich hatte Geburtstag.

»Nie wieder«, soll ich ausgerufen haben, »werde ich 80! Das trägt einen ja aus der Kurve! Wenn ich sie alle beantwortet habe, bin ich wahrscheinlich 90. Und dann kommen die nächsten.« Aber nun habe ich Zeit, sie zu lesen. Und deshalb ist es kein Wunder, dass ich singe.

»La Paloma, ohé. Einmal wird es vorbei sein ...« Quatsch, noch lange nicht. Sie sagen alle, ich soll noch 100 Jahre weiterschreiben.

»Was singst du gerade?« fragt Liane. Welch eine Frage, nun ja, die Zigarillo-Kippe ist aber auch zu struppig.

»Es wird in 100 Jahren wieder so ein Frühling sein ...« rufe ich zurück, ganz ohne Melodie. Da erkennt sie es und singt mir ein paar Takte vor – klingt aber nicht halb so gut.

Das ist es ja. Ich kann auf keinem Trittbrett sitzen, ohne an diese Melodien erinnert zu werden. Ich wage die Voraussage, dass es Ihnen einst genauso gehen wird. Aber ob »I can't live without music« eines Tages zum 7er-BMW passt? Eher trällert man da beim Anblick des VW 411 »Warum nur, warum?« Es gibt für jedes Auto den passenden Schlager, und sei es nur aus voller Brust: »Wir zwei fahren irgendwo hin« – aber die Brust muss auch voll sein, äh, ich meine das Herz.

Wie voll Leserherzen sein können, das durfte ich erfahren, beinahe zu Tränen gerührt. Und a little bit beschämt. Ich schreibe heute zweisprachig, wie man sieht, weil auch Auslandspost dabei war. Auch Schwyzerdütsch würde sich empfehlen, und weanerisch.

Nun kommt das dicke Ende, das Eingeständnis meiner Unfähigkeit: »Ich wollt', ich wär' ein Huhn!« Dann brauchte ich jeden Tag nur ein Ei zu legen, besser ge-

»Nie wieder werde ich 80, das trägt einen ja aus der Kurve«: Busch am Mercedes-Volant.

sagt, einen Brief zu beantworten. Aber selbst wenn ich zehn schaffe, würde es dreißig Tage dauern. Und so eifrig kann ich nicht gackern. Sie sehen, »Ich steh' im Regen.«

Auch so einer von damals. Hervorragend geeignet zum Trällern in einem Phaeton (einem echten) beim Einsetzen eines Gewitterschauers. Wenn man heute nur einen Knopf zu drücken braucht, um rasch im Trockenen zu sitzen, mussten damals zwei Mann um das Auto herumturnen.

»Oh, mein Papa«! Ja, das machten er und ich. Er durfte dabei fluchen, ich nicht. Das wurmt mich noch heute ein bisschen.

Es gehört einfach dazu, wenn man sich die Finger klemmt.

Und überhaupt, dieses Knopfdrücken bringt einen doch um den ganzen Spaß. Man kann nicht einmal mehr einen Schlüssel in den Schlitz fummeln, ob Tür- oder Zündschloss. Nächstens hüstelt man nur, oder räuspert sich, und das Ding fährt los. »Also wissen se, nee!« Auch ein Schlager von damals, als man noch nicht mal Goggo fuhr.

Aber ein Knopf für 300 Antwortbriefe wäre gar nicht so schlecht. Da sitze ich nun und singe mit gebrochener Stimme »It's a long way« mit der Tipperei. Ich frage Liane, what shall I do? Sie überlegt nur kurz, dann macht sie es sich einfach: »Schreib 'ne Danke-schön-Geschichte. Aber gib dir Mühe!«

»Oh, Donna Clara«! Immer diese überflüssigen Bemerkungen. Wer bin ich denn? Es war zu spät, als sie sang »Ich will 'nen Cowboy als Mann.« Da hatte sie schon mich mit meinem alten Opel – und weit und breit kein Pferd. Pferd gab es nur portionsweise, und zwar auf Lebensmittelkarte, Abschnitt B.

Das war 1947, als wir 20 Liter Schwarz-Benzin kauften und damit unsere Hochzeitsreise machten. Ich brachte nur den Opel in die Ehe ein und meine Kofferschreibmaschine aus dem Krieg, die kleine Olympia. Sie war feldgrau lackiert.

Liebe Freunde, das war meine Dankeschön-Geschichte. Danke für die vielen, schönen Briefe – »Ich werde jede Nacht von ihnen träumen ...«

Das versprach schon Johannes Heesters, als ich den khakifarbenen Schwimmwagen fuhr, den die US-Jabos so gerne getroffen hätten.

Damals in Italien, als Alida Valli »Ma l'amore no« sang, oder so. Ja, damals sangen die Blondinen noch. Heute schreien sie, als würde ihnen gerade ein Zahn gezogen.

»Also wissen se, nee, also wissen se« (Bully Buhlan 1946, als ich die eingemauerte DKW KWS 200 fand). Ende der Danksage. Liane schüttelt schon den Kopf ...

»Ey, Alter, wie war das damals?«

Die Anfänge der Sammelleidenschaft

Wenn ich mich recht entsinne, war ich zwanzig Jahre jünger, als *Motor Klassik* auf den Markt kam. Mein Kupplungsbein war noch von oben bis unten intakt, und die Zentralschmierung funktionierte noch einwandfrei. Also kam ich nicht nur mit Schwung in den E-Type hinein, sondern ebenso flott auch wieder raus.

Heute ist das nicht mehr so einfach, man will sich ja nicht vor aller Augen auf die Straße fallen lassen. Eine Zeit lang blieb ich einfach drin sitzen, bis keiner mehr guckte. Ältere 300-SL-Fahrer haben das gleiche Problem. Deshalb sieht man sie so oft locker plaudernd hinter dem Lenkrad sitzen, wenn sich eine Kamera nähert. Aber ich bevorzuge nun Autos mit Treppenstufen, die ich lässig über das Trittbrett besteigen kann. Davon habe ich schon in jüngeren Jahren genügend angeschafft. Man muss vorausdenken, auch als Sammler. Heuer ist der Ford-A-Roadster mein Sommerfahrzeug. Nun wissen Sie, weshalb. Auch mein Wohnmobil kann ich wie eine Etagenwohnung besteigen, und drinnen setze ich mich erst mal aufs Sofa.

So gesehen sind zwanzig Jahre in der zweiten Lebenshälfte eine lange Zeit. Ein Dreißigjähriger ahnt das nicht annähernd. Und doch habe ich ihm etwas voraus. Mein Museum ist zum Beispiel so alt wie er. Da hätte er mit dem Sammeln beginnen müssen, als er noch Windeln trug.

Damals gab es in meinem Umfeld eine Menge Leute, die der Meinung waren, der Busch spinnt. Etliche von ihnen wären heute dennoch froh, wenn sie es damals auch schon begriffen hätten. Und als ich längst sammelte, war es ihnen noch immer nicht vergönnt, in *Motor Klassik* zu blättern. *MKL* kam später.

Meine Oldtimer-Meise ist demzufolge noch älter. Wie hätte ich sonst im Jahr 1973 die erste Halle füllen können? Also war ich schon länger auf der Suche nach altem Blech unterwegs gewesen. Und das hat schon deshalb sehr viel Spaß gemacht, weil man noch in freier Wildbahn und nicht im Anzeigenteil von Fachzeitschriften jagte.

Damals sah es wahrhaftig so aus, als gäbe es die alten Autos gar nicht mehr, an die man sich voller Sehnsucht erinnerte. Wo steckten die? War der Opel meiner Kindheit endgültig verschollen?

Gab es den 29er Mercedes Typ Stuttgart nicht mehr, den Mariannes Vater fuhr, als ich sie zum ersten Mal küsste? Auf dem Rücksitz, und natürlich in der Garage. Ich war zwölf und sie zehn. Und das Auto demzufolge fünf. Heute ist es 75 und steht in meinem Museum ganz vorn. Ja, die originalen Ledersitze riechen noch genau so wie damals.

Es hatte diesen Krieg gegeben, in dem fast alles zerdeppert worden war – zerbombt, verbrannt, verrostet und später verschoben. Wo sind sie also geblieben, die Horch, die Wanderer, die Dixi, die DKW, die Ford und die Opel?

Das fragte man sich, als sie sich noch nicht melden konnten, weil es noch keine Oldtimer-Anzeigen gab. Man musste sie eigenhändig aufspüren. Das machte Spaß und war so spannend, dass es einem den Schlaf raubte.

Da war wer gestorben? Aber hallo! Etwa der mit dem Vorkriegs-170er? Nichts wie hin! Aber bitte taktvoll vorgehen, nicht gleich in die Garage gucken, erst mal der Witwe in die Augen. Ein paar Blümchen vielleicht, vorsichtig rantasten. Braucht sie das Geld? Oder braucht sie den Platz in der Garage? Oder beides? War schon wer da gewesen und hatte den Preis verdorben?

Und noch dieses Problem: Was kann man der eigenen Ehefrau noch zumuten, nachdem dies nun schon der dritte Oldie wäre in diesem Jahr – und sie hat noch immer keinen Pelzmantel! Damals der Traum jeder Ehefrau.

Auf dem Hof stehen schon so viele, im Freien und unter den beiden Schleppdächern. Und an ein Museum war noch gar nicht zu denken. Dieser Plan wäre ein Scheidungsgrund gewesen. Man verschwieg ihn und berief sich einzig darauf, dass ein Mann ein Hobby braucht. Soll ich etwa den Jagdschein machen? Um Himmelswillen, die armen Tiere! Na also.

Aber genügen nicht einer oder zwei oder drei? Heute weiß ich, dass ich damals stahlharte Nerven hatte.

Die Preise? Der Leser möge da keinem Irrtum erliegen. Was vor 30, 35, 40 Jahren zweitausend Mark waren, das weiß nur noch der, der sie damals zusammenkratzen musste. Das klingt heute zwar wenig, war aber viel. Und das Suchen

Im Wald gefunden und heimgeholt. Zwischen St. Tropez und Frejus stand das seltene Peugeot-203-Cabriolet damals verlassen im Unterholz. Gefunden wurde es auf einer Querfeldeinfahrt mit dem Geländewagen Simca Rancho ...

und das Finden machte süchtig, letztendlich auch die eigene Frau. Sie fuhr an den Wochenenden mit raus und über Land und blickte nicht minder gespannt in die Scheunen und hinter die Häuser. Hier und da lugte ein Traktor irgendwo hervor. Oder eine alte Zündapp, eine DKW mit Keilriemen, ein Tempo-Dreirad, auch mal ein Cabriolet, in dessen Polstern sich die Mäuse tummelten. Heute steht es wie neu in der mittleren Reihe, nennt sich Steyr 200 und ist sehr selten. Ich war damit schon zwei Mal in Italien. Wir fanden den Opel meiner Kindheit, den FRAMO aus den frühen Dreißigern, den unser Milchmann fuhr, als ich noch zur Schule ging – und einen AGA in einer Mühle in Niederbayern.

... und das wurde daraus! Von einem Pelzmantel war nie mehr die Rede.

Wer kennt schon AGA? Sie sind zu 99,9 Prozent verschrottet worden.
Das ist es, da lauert die Gefahr. Man will plötzlich nicht nur seine persönlichen alten Zeiten wieder herbeibasteln, sondern die Geschichte des Automobils dokumentieren. Welch hehre Ausrede, welch verwegenes Ziel! Und am Ende wird eben doch ein Museum draus.
Aber meine Frau hatte noch immer keinen Pelzmantel. Um dieses Thema ein für allemal auch zum Wohle des Lesers zu beenden: Als ich sie eines Tages inständig bat, sich doch endlich einen zu kaufen und auch das Geld bereitlag, wollte sie keinen mehr.
Sie hatte sich in einen hübschen Zweisitzer verliebt, den Peugeot 203 aus den frühen Fünfzigern, weiß mit roten Ledersitzen. Ich hatte ihn als Wrack in einem Wald hinter Saint Tropez gefunden und heimgeholt. Nun steckte sie freudig das Geld für den Pelzmantel in die Restaurierung und erkor das Auto zu ihrem Allerheiligsten. Es ist ja auch wesentlich jünger als ich und eine Schönheit. Damit war auch diese Hürde genommen. Er steht in der Eingangshalle, linke Reihe, Mitte. Im Pelzmantel wären längst die Motten, und außerdem – wer trägt denn heute noch Pelz?
Andererseits – wer träumt heute nicht davon, einen Oldtimer zu besitzen? Welch ein Hobby!
Man wird damit alt und merkt es nicht mal. Ich bin jetzt 82, gewiss, aber ich mache keinen Gebrauch davon. Nur das Kupplungsbein müsste mal gründlich abgeschmiert und der fünfte Lendenwirbel ausgetauscht werden. Ich laufe derzeit, als hätte ich hinten links einen Platten. Ich weiß. Aber woher soll ich die Zeit nehmen? ■

Was der alte Hering noch wusste

Es ist wohl 30 Jahre her. Damals gab es noch längst nicht an jeder Straßenecke einen, der es verstand, Oldtimer zu restaurieren. Nach langer Suche fand ich einen, und was für einen! Sie sollen ihn kennenlernen.

Es ging um die Karosse für einen AGA aus den frühen Zwanzigern. Holzrahmen, Sperrholz-Beplankungen, Messing-Spitzkühler, Holzspeichenräder – na, Sie wissen schon. Eben einer aus der Zeit, als die Aufbauten noch vom Wagenbauer kamen.

Man nannte sie auch in allen Ehren Kastenmacher. Sie hatten ihr Handwerk noch zu Kutschwagenzeiten erlernt, und sie wurden in den frühen Zwanzigern ebenso verzweifelt gesucht, wie ich in den frühen Siebzigern nach einem von ihnen fahndete.

Viele waren vor Verdun geblieben, gefallen für Kaiser und Reich. Ein Blick auf damalige Stellenangebote ist aufschlussreich. Gesucht wurden »Kastenmacher, Kastenhelfer, Blechtreiber, Feilbänker, Stellmacher, Kastenlackierer, Sattler, Schmiede und Wagengarnierer.« Eben Wagenbauer – ob es nun um Kutschwagen oder Motorwagen ging, sie wurden gebraucht.

Das Pferde-Gespann war noch längst nicht ausgestorben, und die Straßen waren im fürchterlichen Urzustand, mit Schlaglöchern gespickt und mit Hufnägeln bestreut. Deshalb bevorzugten die Lastwagenfahrer und Fuhrunternehmer noch die Vollgummi-Bereifung und begnügten sich ihretwegen mit einer Höchstgeschwindigkeit von 25 km/h. So umgingen sie die allgegenwärtige und gefürchtete Reifenpanne.

Die Personenwagen trugen auch noch sichtbar zwei Ersatzräder mit sich herum, etwa zu beiden Seiten der Motorhaube, leicht im Kotflügel versenkt, was wir Sammler heute so hinreißend finden. Es sieht irre gut aus, obwohl es nicht Styling war, sondern Notwendigkeit. Im Werkzeugkasten klapperte der »Schnellvulkanisier-Apparat, patentiert in allen Kulturstaaten« mit den Montiereisen und der Handluftpumpe um die Wette, und ein Ersatzschlauch, leicht angefüllt, federte das Ganze ab.

Da schmunzelt unsereiner doch so manches Mal, wenn so ein Jüngling glaubt, kaum, dass er den Führerschein in der Hand hält, er sei ein Autofahrer – natürlich einer der Besten. Aber das Gaspedal ist nun mal nicht alles.

Kein Wunder, dass wir im Zeitalter der bis zum Erbrechen mit elektronischen Fahr- und Verhütungshilfen gespickten selbsttragenden und, fast möchte man sagen »selbstfahrenden« Blechgehäuse nicht einmal mehr ahnen, wie die Automobile damals gemacht wurden.

Man bezog damals noch »Roßhaar, gesponnen«, von der Dampf-Roßhaarspinnerei in Kitzingen. Oder auch schon »Kunstleder, bester Ledererersatz für Automobile« von Adolf Rössler in Stuttgart. Dortselbst brachte die Karosseriefabrik Bauer gerade eine »innenliegende Verdeck-Strebung« heraus, und die Frankfurter Karosseriewerke rieten: »Kein eleganter Wagen ohne unsere unsichtbaren Scharniere!«

Man konnte es um 1920 herum aber auch einfacher haben. Denn die Daimler-Motoren-Gesellschaft in Sindelfingen hatte »neue Rohbau-Karosserien älterer Modelle preiswert abzugeben«. Sie wa-

ren vor dem Kriegsausbruch gezeichnet und gefertigt worden und mutierten nach Kriegsende zu Ladenhütern. Kein Wunder, denn nun gab es doch schon die lang gestreckten »Torpedos« mit Bootsheck und dynamisch fliehenden Kotflügeln. Sie waren hier und da mit Kunstleder bezogen, was die Lackierer auf die Palme brachte.

Denn an einem nach alter Sitte gemachten Wagenkasten hatte ein Lackierer 110 Stunden lang zu tun. Dabei verbrauchte er 20 Kilogramm Ölfarbe nebst Spachtelmasse und Lack. Alles in allem wurde an einem perfekten Aufbau rund 450 Stunden lang gearbeitet. So einen wollte ich haben. Mein AGA war nämlich topless, also obenherum gar nicht mehr vorhanden, untenherum aber voll restauriert und fahrfertig.

Also machte ich mich auf die Suche. »Der richtige Mann«, sagte einer, den man mir bereits als den richtigen Mann

bezeichnet hatte, »dürfte der alte Hering sein. Er wohnt in Niedersenfdorf, irgendwo hinter dem Spritzenhaus gleich rechts.«

Da fuhr ich hin und fragte, weil das Spritzenhaus längst abgerissen und dem neuen Rathaus gewichen war, im Dorfladen nach »einem alten Hering« – was den Ladeninhaber veranlasste, ebenso erschrocken wie beleidigt zusammenzuzucken. Er war der zugereiste Schwiegersohn von Tante Emma, die längst verblichen war, und belehrte mich, dass er nur »frischen Tiefkühlfisch« führe, vor allem in Stäbchenform. Um ihn milde zu stimmen, erwarb ich aus seiner Truhe ein Eis am Stiel, das damals fünfzig Pfennige kostete, und noch ehe ich es zu Ende geschleckt hatte, erfuhr ich, wo der alte Hering zu finden sei.

In der alten Stellmacherei hinter der Kohlenhandlung links. Dort traf ich ihn endlich an. Er lebte noch, und zwar im 86. Jahr. Er werkelte hinter den blinden Scheiben der alten Stellmacherei, aus der man heute ohne größeres Zutun ein Museum machen würde.

Sein Werk umfasste etwa 100 Quadratmeter durchgängig mit Ziegelsteinen gepflasterter Fläche, auf die der Schein von etlichen Glühbirnen fiel, die splitternackt von der Decke herabhingen. Dort oben befand sich auch eine beeindruckend weitläufige Transmissionswelle mit mehreren Treibrädern.

Es standen Holzbearbeitungsmaschinen auf gusseisernen Sockeln herum, und einige Wagenrad-Rohlinge lehnten in der Ecke. Es roch nach mürben Sägespänen, nach ranzigem Schmierfett und Knochenleim – und nach dem Käsebrot des alten Hering, das entblättert auf der Hobelbank lag.

Ich stellte mich ihm vor und verriet ihm mein Anliegen. Er geriet augenblicklich in Verzückung und stellte die Thermosflasche zur Seite.

»Endlich mal ein vernünftiger Mensch«, rief er, »es ist alles da. Hier kann man sofort mit dem Bau von Wagenkästen beginnen. Kein Sattler muss her, kein Schmied, kein Lackierer. Ich mach das alles selber. Auch die Räder, ja, auch die Räder.« Er deutete in eine Richtung und begann, mir seine Radfelgendreiseitenhobelmaschine zu erklären (Vorsicht, vermeiden Sie dieses Wort bei Alkoholkontrollen) ebenso wie die Dickten- und die Abrichthobelmaschine. Die eine hatte 700, die andere 600 Millimeter, wenn ich mich recht entsinne.

»Da hinten ist die Schmiede, ich habe den Blasebalg durch ein Elektrogebläse ersetzt. Aber es gibt ja keine Feuerbrüche mehr, die waren früher ein Bombengeschäft.« Er schnäuzte sich in buntes Leinen. »Jetzt repariere ich gerade den Handwagen meiner Vermieterin. Ich habe ihn kurz nach der Währungsreform gebaut. Er trägt zwei Zentner Briketts.

Aber sie heizt jetzt mit Öl.« Er schüttelte sich, als wollte er sagen: »Was für Zeiten, was für Zeiten, Leute!«
Dabei war hier alles vorhanden, was man so braucht, um Wagenkästen zu bauen. Er kam zur Sache und verriet mir, »dass der Schleifgrund alles ist«. Konzentrieren Sie sich oder schreiben Sie mit: »Wir nehmen 16 Teile Bleiweiß, 15 Teile Umbra, 20 Teile Kreide, 20 Teile Schwerspat, 12 Teile Sikkativ, 5 Teile Terpentinöl und 20 Teile Leinölfirnis. Das gibt ein Filling-up (oh ja, so hieß es damals), dass Ihnen das Wasser im Munde zusammenläuft.« Er zog eine Schnute, als hätte er gerade einen Eierlikör getrunken.
Dann verriet er mir unter verächtlichem Mienenspiel, wie es die Pfuscher machen: »Sie nehmen geschlämmtes Graphit, Ocker, Kreide, Silberglätte und Zinkvitriol. In 24 Stunden machen sie husch, husch drei bis vier Anstriche, und nach zehn Jahren finden sich die schönsten Risse im Lack!«
Endlich biss er mal in sein Käsebrot, und ich kam zu Wort. Betonte, dass das meinem AGA nicht widerfahren dürfe, lobte seine Kenntnisse und pries seine Werkstatt. Und nachdem er aus einem blassblauen Spind eine Flasche Obstler entfernt und entkorkt hatte, die einige Male zwischen uns hin und her pendelte, gerieten wir förmlich in Verzückung.
Wir beschlossen, Automobile zu bauen. Hier in seiner Werkstatt. Ein halbes Dutzend pro Jahr. Die Fahrgestelle würde ich auftreiben – man würde sie uns aus der Hand reißen, die exklusiven Busch&Hering von allerhöchster Qualität. Nun, Hering&Busch, darüber kann man reden. Und wir nehmen keinesfalls Kapok-Ersatz, beileibe nicht. Und nur echtes Rosshaar, dampfgesponnen. Versprochen!
Wir nahmen uns bei den Händen und bei den Schultern und versprachen uns, keine Zeit zu verlieren. Ich musste aber dennoch erstmal gehen. Er raunte mir abschließend ins Ohr, ich solle unbedingt noch Helios-Polierwasser auftreiben, das von Horn&Horn in Ehrenfeld.
Ich war schon an der Tür, da schwang er ein altes Notizbuch und rief: »Hier ist die Telefonnummer – Ehrenfeld 509«.
So war es. Es ist zu 85 bis 90 Prozent die reine Wahrheit. Oder sagen wir zu 75. Aber schauen Sie sich meinen AGA nicht so genau an. Wir mussten alles selbst machen. Denn als ich wiederkam – ohne Helios-Polierwaser und mit schlechtem Gewissen – hatte man ihn eine Woche zuvor zu Grabe getragen.
Vor der alten Stellmacherei stand schon der Bagger. Sie musste einem Supermarkt weichen. Die Kohlenhandlung war ebenso verschwunden. Und ein Schrotthändler lud gerade ein Ding auf, das aussah wie die Radfelgendreiseitenhobelmaschine.
Was für Zeiten, was für Zeiten, Leute! ■

Die Weihnachts-Geschichte

Wie Schenken wirklich Freude macht

Friedhelm Fröhlich, von seinen Freunden kurz FF genannt, saß auf dem altölfarbenen Holzschemel in der häuslichen Werkstattgarage und rauchte seinen täglichen Zigarillo. Der ersetzte ihm seit einigen Jahren die Shag-Pfeife, die zu FF gehört hatte wie der rote Jaguar E-Type Serie I.

Den gab es natürlich noch.

FF saß davor, genauer gesagt, er betrachtete ihn von dreiviertel vorn. Der E-Type wirkt zwar auch von dreiviertel hinten besonders verführerisch, ebenso von der Seite, aber von dreiviertel vorn blickt er einen auch noch an. Das wissen auch die Fotografen.

FF hatte aus dieser Position heraus schon viele Gespräche mit seiner Flunder geführt. So nannte er den Unvergleichlichen, seit er einmal einen schrulligen Artikel über ihn gelesen hatte. Seine Gemahlin behauptete zwar, es seien Selbstgespräche, aber das bestritt er energisch. Und nun ging es schon wieder auf Weihnachten zu.

»Was wünschst du dir denn so?« fragte er, und seine geliebte Flunder reagierte spontan mit Worten, die seit Wochen zwischen ihnen in der Luft gelegen hatten.

»Na, breitere Felgen und 205er-Pneus, das wissen wir doch beide ...«

»Nun ja, angedacht habe ich das schon, das wollen sie einem ja dauernd einreden. Aber ich mag deine Beine nun mal so, wie sie sind. Dicke Füße, also nee, ich weiß nicht ...«

»Dann wenigstens H4-Licht – das lässt sich doch leicht umrüsten.«

»Wer hat dir denn das eingeredet? Wir fahren doch fast nur bei Sonnenschein, also das ist nun wirklich nicht nötig.« Er schüttelte den Kopf, wobei ihm Zigarilloasche entfloh.

Am besten unverdünnt genießen: Jaguar E.

»Dann fallen die Koni-Dämpfer wohl auch ins Wasser. Oder?« »Wozu sollen die wohl gut sein? So, wie du läufst, so'n bisschen hippelig und kess, genau so lieb ich dich doch.«

»Ich seh schon, das viel diskutierte Fünfganggetriebe kriege ich auch nicht.«

»Du sagst es. Ich will so mit dir rumknüppeln wie am ersten Tag, als ich noch Pfeife rauchte und E-Type-Schalten gelernt sein wollte. Ich bin doch kein Softie, und meinen Whisky trinke ich immer noch pur! Gewiss, ich habe schon mal über Verbesserungen nachgedacht, aber sie würden dich allesamt nur verwässern. Ich mag dich nun mal so, wie ich dich kennenlernte. Du weißt doch, es war Liebe auf den ersten Blick. Bleib so ...«

Da unterbrach ihn ein Geräusch. Es kam jemand die Treppe herunter, und dann knackte die Türklinke. Er blickte hoch und dahin, wo nun seine Frau auftauchte. Ihm stand eine mittlere Standpauke bevor.

Schon wieder hockte er da unten in diesem Gestank von Öl, Benzin, Gummi und Tabakqualm. Nun hieß es auf der Hut zu sein, richtig zu reagieren: »Mein Schatz«, rief er geistesgegenwärtig, »ich denke gerade darüber nach, was ich dir wohl zu Weihnachten schenken könnte, was du dir von Herzen wünschen würdest ...« Die Situation war gerettet. Ihr Mienenspiel zappte von Krimi auf Soap. »Ist das wahr? Dann komm aber rein. Darüber reden wir bei einem Gläschen. Ich mach schon mal 'ne Flasche auf.«

Er hörte, wie sie die Treppe hinaufeilte, zog die Garagenschlappen aus, die sauberen Hausschuhe an – und folgte ihr.

Stupsi schenkte gerade ein. Er nannte sie Stupsi vom ersten Tag an. Ihre Nase, nein, ihr Näschen war schuld. Sie nahmen ein Schlückchen, dann gestand sie ihm: »Eine Nasenkorrektur, mein größter Wunsch, du weißt es.« Sie fuhr mit dem Zeigefinger über den Nasenrücken, den eine Bodenwelle zierte. Und er erschrak wirklich. Was das kostet!

»Alles, nur das nicht. Es war doch dein Näschen, auf das ich flog. Und noch immer macht es dich so neckisch und schelmisch und mädchenhaft. Willst du etwa einen Zinken haben? Nein, nur das nicht. Dann würde aus dir ja eine andere, eine ganz andere. Nicht mehr die, in die ich mich verliebte.« Bessere Worte hätte er nicht wählen können. Die Nasenkorrektur war augenblicklich vom Tisch.

Aber dann kam der durchaus trendige Wunsch nach wulstigen Lippen. Und da erschrak er bis in die Zehenspitzen. Es gab so schockierende Beispiele. »Erinnerst du dich an den Alfa Spider, den sie verächtlich die Gummilippe nannten, oder an den rassigen MGB, der eines Tages zum Entsetzen der MGB-Fans als Gummiboot daherkam?« Er schüttelte sich. »Und genau so laufen sie doch rum, die späten Girls mit den Botox-Lippen. Die Rasse ist raus, der Typ ist futsch, das Gesicht wird zur Maske. Nein, ich mag keine überrestaurierten Weiber. Ich küsse doch keine Gummibärchen. Stupsi, bleib um Himmelswillen meine Stupsi, ich will keine andere!«

Er kriegte das großartig hin, nahm auch noch die Hand und streichelte sie. So fühlte sich Stupsi schon reichlich beschenkt, wie eine Träne bewies, die ihr über die Wange kullerte. Und er hatte es auch so gemeint. Denn Stupsi war schließlich so etwas wie die Serie I, Dreikommaacht. Weshalb sollte sie den Zwölfzylinder vortäuschen? Für so viel Geld eine solche Fehlinvestition auf Kosten der Originalität! Hier ging es ja zu wie in seiner Garage!

Also nichts wie ins Bett, und morgen sehen wir weiter. Aber dann, als Stupsi schon leichte Schlafgeräusche von sich gab, traf ihn der Blitz. Er hatte ihn nicht einmal kommen sehen, er schlug einfach ein. Vor seinem Auge erschien das Inserat, das er am Morgen gelesen hatte: Alfa Romeo Spider, rot, Baujahr 1990, 160.000 km, 5900 Euro.«

Ein roter Alfa Spider? Hatte sie nicht damals gemurmelt, als er an ihnen vorüber fuhr, der sähe aber gut aus? Nur flüchtig,

Damit der E-Type nicht einsam in der Garage steht: Alfa Spider.

gewiss, und es ist bald zwanzig Jahre her, aber daraus ließe sich der Satz machen: »Den hast du dir doch schon immer gewünscht!«
Und hatte er nicht in den letzten zwei, drei Stunden eine Menge Geld gespart, würde sich der rote Alfa neben dem E-Type zwischen den weißen Wänden nicht sehr gut machen? Ist das nicht das Bild, das ihm ab und an schon mal erschienen war? Da gäbe es auch endlich wieder etwas zu schrauben! Aber ja, das war's doch! Er schlug vor Begeisterung mit der flachen Hand auf die Bettdecke dass es nur so klatschte und Stupsi erschrocken fragte: »Is' was? Hast du schlecht geträumt?«
»Im Gegenteil«, krähte Friedhelm Fröhlich, »ich habe endlich das passende Geschenk für dich gefunden. Du hast es dir schon immer gewünscht. Du wirst begeistert sein. Und es wird mir viel Freude machen ...«
Auf den letzten Satz kommt es an, überlesen Sie ihn nicht. Oh, dieser FF, oh, dieses Schlitzohr, oh, diese Männer! Aber so sind sie nun mal. Nun wissen Sie, wie schenken wirklich Freude macht.
Und wie ich Stupsi kenne, wird sie sich über kurz oder lang in den Spider verlieben. Es ist ein Italiener! Wir kennen doch die Frauen – so sind sie nun mal ...

Das Coupé oder: Danke, das genügt!

Über die geniale Methode, für weniger Limousine mehr Geld und mehr Beifall zu bekommen

Ein Coupé zeichnet sich am besten. Die Proportionen lassen sich so schön verteilen – das Ergebnis wird meistens bejubelt. Auch Hunde mit kupiertem Schwanz sind beliebter als langschwänzige. Sie sehen irgendwie pfiffiger aus.

Betrachten wir die Dinge doch mal so: Der fünftürige Kombi ist das gescheiteste Automobil. Sein Nutzwert ist unbestritten. Er wird nur vom Van übertroffen, den es zu Oldies Zeiten aber noch gar nicht gab. Danach kommt die viertürige Limousine mit ausreichendem Kofferraum. Alles Notwendige ist drin und dran. Die Familie kann gut mit ihr leben. Dann die zweitürige, deren Fond-Passagiere zu Hürdenläufern degradiert werden. Aber immerhin, es kommen alle mit.

Erst dann folgt das Coupé, in dem, wenn es ein 2/2-sitziges ist, auch mal beinamputierte Zwerge mitfahren können.

Und am Schluss kommt der Roadster als Gipfel der Unvernunft – eng und zugig und nass, und deshalb vor Zeiten die billigste Modellvariante im Programm und später, aus der Erkenntnis heraus, dass man mit ihm auf Gimpelfang gehen kann, die teuerste. Er ist so viel weniger Limousine und auch nochmal weniger Coupé, dass er bald Narrenfreiheit genoss wie ein Gaukler. Auch ich fiel und falle bevorzugt auf ihn herein.

Es ist da wie mit den jungen Dingern im Minirock, die weder kochen noch Strümpfe stopfen noch die Treppe wischen können. Und doch laufen sie der

Brigitte Bardot liebte das Lancia Flaminia Coupé.

viertürigen Hausfrau den Rang ab. Damals schon, als sie zwar keinen Mini, aber hauchdünne Kleidchen trugen, die der Wind an den Körper presste oder gar liftete, weshalb wir Rad fahrenden Jünglinge uns auf den Sommer freuten wie die Roadsterfahrer unserer Tage.

Cabrios und Cabrio-Limousinen sollen hier außen vor bleiben, weil sie im Grunde doch nur Limousinen sind, die mit offener Bluse herumlaufen, wenn die Sonne scheint.

Was nun ist das Coupé? In gestelzter Werbung hieß es immer: Das Automobil für den, der das Besondere liebt. Er leidet meist sehr darunter, dass er sich nicht darin fahren sehen kann, außer im Wachtraum kurz vor dem Einschlafen. Deshalb betrachtet er sein Coupé zwangsläufig stundenlang im Stand.

Es lebt davon, dass es schön ist und anders als nur die Limousine. Manches Mal gleicht es einem Kunstwerk, das man, ganz und gar versilbert, auf einen Marmorsockel stellen möchte. Wenn es, weil in Kleinserie so gut wie handgefertigt, viel intensiver durchgerostet ist als die Limousine vom Band, steht es da auch am sichersten.

Nicht jedes von der Limousine abgeleitete Coupé ist eine Augenweide. Es gab den Opel Rekord in Coupé-Version, dem man nur das Limousinendach gekürzt hatte. Er sah aus, vor allem in Weiß mit schwarzem Dach, wie ein Schuhkarton mit Baskenmütze. Ich weiß noch mehr solcher Beispiele, aber was soll's, wir lieben sie alle.

Damit einem die Coupés auf der Zunge zergehen und nicht im Halse stecken bleiben, müssen wir sicherheitshalber nach Süden gehen. Über die Alpen hinweg. Dahin, wo das Blech nicht gepresst, sondern eher geschneidert wurde. Und wo man viel lieber Coupé fuhr und Limousine (bevorzugt in Schwarz oder Tiefdunkelblau) als Roadster.

Ein Tatbestand, der mich, der ich sonnenhungrig halbnackt in weit offenen Wagen da unten herumtobte, stets verblüffte. Bis ich einsah, dass die dunkel und korrekt gekleideten Italiener und ihre Damen mit ihrem vom Schatten verwöhnten alabasterfarbenen Teint sich nicht leichtfertig der Sonne aussetzen durften.

So war das in jenen Jahren, als auch der Vespa fahrende Jüngling noch Krawatte trug und man sich für den kleinen, aber viertürigen und natürlich schwarzen Lancia einen Chauffeur hielt.

Zutiefst gebräunt waren nur Bauern, Maurer und Straßenarbeiter, die sich auf Eseln, Guzzis, bellenden Mopeds und winzigen Dreirädern fortbewegten. Und natürlich die Bademeister, Liegestuhlaufsteller sowie anderen Papagalli, nach denen sich die Touristinnen so intensiv umdrehten wie wir Männer nach den Coupés vom Schlage eines Flaminia.

Da sind wir endlich wieder beim Thema. Die Dottores, Commendatores und Ingenieres hockten sich um keinen Preis in einen Roadster. Ihr Statussymbol war das handgeschneiderte Coupé, bevorzugt vom kleinen Mehl (Pinin = klein, Farina = Mehl).

Als ich mit einem der ersten Sting Ray (mit geteiltem Heckfenster) auf der Via Veneto auftauchte und Wunder dachte, welche Schau ich da abzog, hoben diese Herren auf ihren Caféhaus-Stühlchen wohl nur eine Augenbraue und murmelten auf italienisch »Tsih-tsih-tsih« oder so.

Es irritierte mich nicht, weil die Reaktion der Damen eine entgegengesetzte war, indem sie in den Sting Ray hineindrängten von Marisa Mell bis Sandra Milo. Und das waren damals Namen! Die Lollo war gerade verreist. Mir wurde dennoch bewusst, dass Coupé nicht gleich Coupé ist. Und diese Erkenntnis gilt in Kennerkreisen noch heute.

Wohl dem also, der eines der Edlen sein Eigen nennen kann. Es darf auch einen Stern tragen. Hauptsache, er betritt es nicht in zerbeulten Jeans, Turnschuhen und Rolli. Ein edles Coupé verpflichtet zu einem standesgemäßen Auftritt, weshalb ich noch immer kein solches besitze. Auch meine Corvette ist offen. Man kann sie, wie einen MG oder Alfa Spider, ohne Krawatte fahren.

Ich entsinne mich aber auch, dass jene,

die sich im Vollbesitz ihres Führerscheins der Klasse IV an Stelle des Goggomobils das Goggo-Coupé kauften, dieses nur in feinstem Zeug bewegten. Vor allem sonntags.

Solch eine erzieherische Wirkung hat das Coupé. Meine Damen, wenn Sie das schlampige Auftreten ihres Roadster fahrenden Gatten stört, schenken Sie ihm ein Coupé! Ein edles, keines, das Krawall macht und tiefer gelegt und mit Schalensitzen bestückt ist. Darin verkommt er nur noch mehr.

Wenn Sie Glück haben, sieht er künftig aus wie Vittorio de Sica, Marcello Mastroianni oder Giovanni Agnelli. Und nicht mehr wie Jean-Paul Belmondo nach einer besonders heftigen Keilerei.

Nein, das 1946er Hudson Super 6 Coupé in meinem Museum können Sie nicht kaufen. Da will ich selbst mal drinsitzen, wenn es mir aus Altersgründen in meinen Roadstern zu sehr zieht. Aber das hat noch Zeit. ■

Wann kommt der OLLENARMA – vielleicht sogar der STERDORA?

Es kann nicht mehr lange dauern

Na endlich! Nach wochenlanger Recherche war es mir gelungen, den Mann ausfindig zu machen, der die Namen für die automobilen Neuerscheinungen erfindet. Er muss ein Genie sein, ein verkorkstes.

Kein neues Modell heißt mehr Isabella, Kadett, Trumpf, Eifel oder Capri. Sie heißen so, wie man nie jemanden gekannt oder davon gehört hat. Sie tragen nahezu außerirdische Kunstnamen und Zungenbrecher. Wortspielereien, die sich kaum einer merken kann, auch wenn man sich überwunden hat, das Auto trotzdem zu kaufen.

Ich habe ihn! Er muss gut an seiner abstrusen Tätigkeit verdienen, denn sein Heim ist prächtig in Umfang und Design. Er empfängt mich in der Eingangshalle von der Größe eines mittleren Automobilmuseums, deren Wände mit kostbaren Gemälden geschmackvoll behangen sind.

Aha! Sein Hobby ist die Malerei in Öl oder Acryl. Alle Achtung. Vor Pinselschwingern habe ich Respekt, aber er neigt allzu sehr der modernen bis abstrakten Kunstrichtung zu. Während ich vor William Turners Venedig-Gemälde in die Knie gehen könnte.

Als Autos noch für fröhliche Gesichter sorgten und anständige Namen trugen: Opel Kadett aus den sechziger Jahren

»Sehen Sie hier«, sagt er, »Metterschlinge in der Sabendonne«. Hmm, ich blicke auf wirre Kleckse, wo ist die Schlinge, wo die Tonne? Entschließe mich aber zu einem »Donnerwetter«, ich will ja noch ein Weilchen bleiben. Das Donnerwetter schmeichelt ihm. Er zieht mich am Ärmel zum nächsten Objekt.
Ich sage schon mal »Aha« und deute auf den braunen Klecks links unten im Bild: »Heldfase« sagt er »Heldfase in Rämmerdung. Beachten Sie die Stimmung.« Moderne Kunst, klar, da muss man sich die Stimmung selber machen. Aber was ist Rämmerdung? Noch nie gerochen! Bevor ich ins Grübeln gerate, stehen wir schon vor dem nächsten Objekt »Tramosen auf Gandlang«.
Auf Gandlang? War ich da nicht schon mal? Mag sein. Wo war ich noch nicht,

aber da gab es keine Tramosen, so weit ich mich erinnere. Ich kam jedenfalls gesund zurück.

Ein schmales, hohes Bild, vorwiegend in Grau mit ein paar bunten Klecksen in Brusthöhe, ansonsten aber von deprimierender Strenge »Welbfedel vor Kesaner« steht darunter auf einem schmalen Messingschild. »Eine persönliche Erinnerung«, sagt er und wirkt dabei ein wenig gedankenverloren.

Ich sehne mich nach so etwas wie einem doppelten Espresso mit einem Schuss Grappa. Aber es geht trocken weiter, und schon stehen wir vor ein paar recht heiteren Klecksen, die er mit den Worten erläutert »Jäckerbunge mit Struhnmodel«. Er lächelt fast hörbar vor sich hin und behauptet süffisant, dieses sei ihm besonders gut gelungen – und natürlich sei es schon verkauft.

Beim nächsten Bild versucht er sich wegen der Abmessungen zu rechtfertigen. Es sei so winzig, weil das Objekt so klein ist, klitzeklein gewissermaßen. Der Titel des Kunstwerks gibt wiederum Rätsel auf: »Masgrücke im Gulf«. Ist der Gulf so klein oder die Masgrücke? Ich gebe es auf.

Merkt er gar nicht, dass ich von Bild zu Bild betretener dreinblicke? Wird er mir nichts erklären? Ja doch: »Es liegt an meiner beruflichen Betätigung, ich habe so viel Freude daran, neue Worte unter Verwendung der alten zu schöpfen, dass ich kaum noch anders reden und formulieren kann. Es müht mir viel Mache, mich mit Ihnen in der gängigen Seiwe zu unterhalten. Und meine Bilder profitieren so sehr von ihren Titeln, dass sie allein dadurch horrende Preise erzielen. Bei den Autos ist es doch nicht anders, oder?«

Ich wage es, ihm meine Zustimmung zu verweigern. Also, »Kadett« zum Beispiel wäre mir lieber, denke ich laut und wiege mein Haupt. Aber da schüttelt er heftig das seine. »Das geht heute schon gar nicht mehr.« Er grübelt kurz in sich hinein, und dann kommt es auch schon. »Dettka, würde ich sagen. Ja, das ginge.« Schon zückt er seinen Notizblock und schreibt es hin.

Bald wird es wohl einen Dettka geben, befürchte ich. Ich sage es zwei, drei, vier Mal vor mich hin, und schon wäre ich bereit, mir einen Dettka zuzulegen. Das Ding rollt einem nur so von der Zunge. Natürlich würde ich ihn als »Persu« nehmen, also als Super. Aber ich bleibe störrisch, denn ich will es endlich wissen. Es verfolgt mich seit dem ersten Bild.

»Was sind Metterschlinge?«, blökt es aus mir heraus. Er stutzt und stammelt: »Äh, also, na sagen Sie es doch mal, ist doch ganz einfach, hmmm ...« Haha, er weiß es selbst nicht. Und schon fällt es mir auch nicht mehr ein. Ich komme nicht drauf, die Bezeichnung verwirrt mich total. Nein, Letterschminge sind es auch

nicht. Vielleicht Schletterminge? Wie kann ich es wissen, oder gar sehen – die Dinger sitzen in der Sabendonne. Was das wohl ist?

Vor vielen Jahren schrieb ich mal eine Kolumne mit dem Titel »Ein Auto kann auch EMMA heißen!« Klar doch. Oder auch EMIL (steht für Einheitsmobil). Wie man sieht, war ich damals schon für Vereinfachung auf der ganzen Linie. Oder LIANE, nicht nur meiner Frau zuliebe. Und in Erinnerung an Borgwards unvergessene schöne LIANELA – klingt doch! Geht aber nicht, heutzutage schon gar nicht. Viel zu simpel bei so viel Elektronik. Wenn die Technik schon so verwirrend ist, dann muss es der Name doch auch sein. Warum geht EMMA nicht, wenn GAMMA geht?

Oh weh, nun wird mir klar, was für ein Simpel ich doch bin. Simpel? Na also, den SIMPLEX gab es doch mal. Aber das ist lange her. Damals hatte man Vereinfachung noch für Fortschritt gehalten.

Aber wenn der OLLENARMA kommt, vielleicht sogar als STERDORA, dann schlage ich zu, so viel ist sicher. Denn einen »MARANELLO ROADSTER« habe ich mir schon immer gewünscht. Und wenn ich ihn dann habe, werde ich in *ROTOM KLISSKA* eine Story über ihn schreiben. Meinen DETTKA gebe ich dann einfach in Zahlung. Einstervanden?

Lesehilfe für Eilige:

- Schmetterlinge in der Abendsonne
- Feldhase in Dämmerung
- Matrosen auf Landgang
- Feldwebel vor Kaserne
- Bäckerjunge mit Mohnstrudel
- Grasmücke im Flug

»Ham'se keinen Knipperdolling?«

Nur eine Frage, gewiss, aber für mich das Unwort des Jahres

Der Sommer wollte nicht weichen. Er überholte den Oktober und stach in den November hinein, den er in voller Länge vernaschte, bis ihm Anfang Dezember der Sprit ausging. Sie erinnern sich?

Da saß ich auf der Bank vor meinem Museum und hielt mit geschlossenen Augen das Gesicht in die Sonne. Plötzlich plumpste neben mir jemand auf die Bank, schnaufte kurz und warf mir dann die etwas angefeuchtete Frage aufs linke Ohr: »Ham'se keinen Knipperdolling?«

Er sah aus wie Hape Kerkeling in Maske drei, und ich witterte schon eine Falle. Aber da outete er sich glaubhaft als potenzieller Museumsbesucher, denn er fragte nach dem Eintrittspreis. Ich nannte ihn, und kriegte gleich wieder eins ab.

»Aber keinen Knipperdolling! Das isses ja. Wenn ich ins Ägyptische Museum gehe, will ich ja auch einen Ramses sehen und keinen einbalsamierten Nasser, aber hier ...«

Ich unterbrach ihn gekränkt: »Ich habe einen Piccolo von 1907, einen Benz von 1918 und ...«

»Aber keinen Knipperdolling. Im Inserat von damals hieß es, er sei der beste Kleinwagen der Welt mit zwei Zylindern und 8 PS. Fafnir-Motor und Drahtspeichenräder ...« »Hatten Sie denn mal einen?«

»Natürlich nicht. Sonst wüsste ich ja, wie er aussah. Ich habe nur das Inserat gelesen in einer alten Zeitschrift, ohne Bild. Und seitdem will ich mal einen sehen. Es hat ihn gegeben, so viel steht fest. Aber Eure sogenannten Museen ...«

»Bei mir finden Sie sieben Jahrzehnte Automobil-Geschichte und ...« »Ach nee, ham'se einen Priamus?« »Sie meinen den Primus. Leider nein.«

»Ich meine den Priamus von Kotthaus in Köln. Nicht den britischen und nicht den italienischen Primus, auch nicht den Primo aus Atlanta/USA. Mann, ich denke, sie kennen sich aus.«
Du meine Güte, ein Kenner. Mehr noch, ein Klugscheißer. Und nun geht auch noch die Sonne weg. Das ganze Mu-

Gutes aus Bielefeld: Der Knipperdolling wurde bei Dürkopp gebaut, und so sah er im Prospekt aus.

seum ist im Weg. Sie marschiert gen Westen, und ich will ihr folgen, aber er packt mich am Arm.
»Und wie ist es mit einem Simplex?« »Sie meinen den Simson.« »Nee, nicht den Simson aus Suhl, auch nicht den Simplum aus Wien, ich rede vom Simplex aus Amsterdam. Der hatte nämlich auch den Zweizylindermotor von Fafnir, den gleichen wie der Knipperdolling, so um 1907 oder 8 herum.«
»Also wissen'se, so um 1907, das interessiert heute kaum noch. Die Besucher wollen Autos sehen, für die sie in ihrer Jugend mal geschwärmt haben.«
»Eben-eben, sag ich doch. Meine Großmutter väterlicherseits hat immer erzählt, ihr Vater hätte mal einen Knipperdolling gefahren. Deshalb lag doch auch immer diese alte Zeitschrift rum mit der Annonce. Aber ohne Bild, drum weiß ich nicht, wie er wirklich aussah. Ich klappere die Museen ab, aber auch hier werde ich nicht fündig. Sie enttäuschen mich, mein Herr. Ein Museum? Das ist wohl eher eine Gebrauchtwagen-Ausstellung. Ich will einen Knipperdolling sehen, weil der in meiner Familie ...«
Dieser Mensch macht mich fertig mit seinem Knipperdolling. Ich ringe nach

Luft, ich kann das Wort nicht mehr hören. Es ist eine Beleidigung für meine Sammlung. Warum habe ich keinen Knipperdolling?

Ausgerechnet mit mir, der schon im NAG-Protos durch den Thüringer Wald gefahren ist, so umzuspringen. Der versaut mir Ende November den ganzen Sommer. »Also, nun gehen Sie endlich rein und überzeugen Sie sich von der Reichhaltigkeit und Qualität meiner Sammlung«, sage ich in gespreiztem Ton. Der soll mich daran hindern, aus der Rolle zu fallen.

»Für 'ne Handvoll Euro?« fragt er höhnisch keckernd, »ohne einen Knipperdolling zu sehen? Da gehe ich doch lieber ein Bier trinken.«

Ich falte meine Hände, damit mir nicht doch noch eine ausrutscht, und zische: »Gehen Sie rein, umsonst, ich sage an der Kasse Bescheid. Aber lassen Sie mich in Ruhe mit ihrem Knipperdingsda.«

Und so geschah es denn auch. War das etwa gar seine Masche? Er sah ohnehin aus wie Herr Schlämmer. Eine Nervensäge erster Güte. Als mich meine Frau erblickte, fragte sie spontan: »Fehlt Dir was?« »Ja«, hauchte ich, »wenn ich einen Knipperdolling hätte, wäre mir wohler.«

Sie reichte mir Sekunden später einen Magenbitter mit den Worten: »Der tut's vielleicht auch.« Dann versprach sie mir, morgen bei Aldi im Regal nachzuschauen, ob die einen Knipperdolling im Angebot haben.

Dass der ein Auto sein könnte, diesen Verdacht hegte sie natürlich nicht. Aber einige nachdenkliche Gesichtszüge später sagte sie, und sie wüsste das ganz sicher, dass die von ihr verehrte Schauspielerin Olga Tschechova, Gott hab' sie selig, eine geborene Knipperdolling gewesen sei. Frauen wissen so etwas, aber mir half das auch nicht weiter. Der Name verfolgte mich nun eher noch intensiver.

Also, wenn ich eine Spirituosenfabrik hätte, würde ich einen Knipperdolling auf den Markt bringen. Ein Renner! Ich stelle mir vor, wie ein Gast mit schwerer Zunge »noch'n doppelten Knipperdolling« bestellt. Der Harald Juhnke hätte das toll hingekriegt. Aber ich habe kein Schnapsfabrik, nur ein Automuseum. Deshalb mein Hilferuf: Knipperdolling als Leihgabe dringend gesucht – www.automuseum-busch.de

Es gab ihn, das weiß ich auch. Vielleicht fuhr sogar noch einer rum, als ich geboren wurde. Hat irgend jemand eine Ahnung, wie er aussah? ■

Nun knipperts wie doll

Interessante Funde aus der Zeit der Knipperdollinger

Ich komme mir vor wie ein Archäologe. Mit dem Artikel »Ham'se keinen Knippderdolling?« (*Motor Klassik* 3/2007, in diesem Buch auf Seite 172) habe ich ungewollt einen ersten Spatenstich getan. Nun tauchen täglich neue Funde auf.

Sie künden von der Knipperdolling-Zeit, und ich frage mich, wie die Geschichte des Automobils bisher ohne Würdigung des »besten Kleinwagens der Welt« geschrieben werden konnte. Welch oberflächliche Stümperei! Unterstützt von zahlreichen E-Mails und Telefonaten kann ich nun Knipperdolling-Wissen verbreiten.

Er wurde von 1908 bis 1920 gebaut und war doch in Vergessenheit geraten. Unter »K« fand man ihn nirgends, denn er war keine Marke, sondern ein Typ. So, wie es von Wanderer ein »Puppchen« gab, von Opel einen »Laubfrosch« und von Hanomag ein »Kommissbrot«. Nur, dass Dürkopp in Bielefeld sich offen zum Namen »Knipperdolling« bekannte. Das war im Jahr 1908, als man diesen Namen für ein Automobil gar nicht albern fand. Ein Knipperdolling war sogar in die Geschichte eingegangen. Nun kommen die Funde ans Tageslicht, und ich fühle mich wie einst Schliemann in Troja.

Die ersten Erinnerungsscherben sehen allerdings böse aus. Der Namensgeber des kleinen Dürkopp wurde vor einer johlenden Menge hingerichtet. Was hatte er getan? Es kann keine Rache für schlechte Fahreigenschaften gewesen sein, denn es geschah schon im Jahr 1536 – und dazu noch in Münster, nicht in Bielefeld.

Bernhard Knipperdolling wurde enthauptet, weil er ein sogenannter Wiedertäufer war, also alles andere als katholisch. Und das ausgerechnet in Mün-

So begann es. Der Kleine war kein Winzling. Nur sein Motor begnügte sich mit 12 PS. Er schaffte den 46er-Reiseschnitt.

Und so endete es. Das »Doppel-Phaeton« von 1919/20 war ein eleganter Viersitzer mit 15 PS aus zwei Liter Hubraum.

ster! Mit zwei seiner Komplizen bewahrte man ihn nach seinem unrühmlichen Ende in drei Eisenkäfigen auf, die man hoch über der Stadt am Turm der Lambertikirche platzierte. Dort hängen sie noch heute, die Käfige, weithin sichtbar. Ihr Inhalt ist allerdings vor Zeiten entfernt worden.

Was immer er unter Gefahr für Leib und Leben wieder taufen wollte (ich verrate Ihnen unter der hohlen Hand, dass er auch für die Einführung der Vielweiberei eintrat) – er konnte es wohl nicht lassen und taufte Jahrhunderte später schon wieder etwas: ein Automobil aus dem Hause Dürkopp!

So tief ich auch grabe, ich kann nicht herausfinden, was den damals erfolgreichen Automobilhersteller zu dieser Namensfindung bewog. Nun, da man von ihm spricht, wird der Name wohl bald in einer Quiz-Sendung auftauchen:

Was macht man mit einem Knipperdolling?

a) man lutscht ihn
b) man schießt mit ihm
c) man geht mit ihm Gassi
d) man fährt mit ihm herum.

Wer weiß es? Zwei Versuche: »Er holte seinen Knipperdolling raus und schoss um sich.« Das klingt nach Wild-West und leuchtet fast ein, ist aber falsch.

»Er holte seinen Knipperdolling raus und fuhr mit ihm davon.« Das klingt unwahrscheinlich, ist aber richtig!

Was soll einer sonst machen, wenn er seinen Knipperdolling rausholt? Dazu noch in einer Familiensendung ... Das wäre sie doch, die Millionenfrage. Günter Jauch, bitte kommen.

Ein Kenner der Gegend und ihrer Bräuche, der Hermann Goette aus Osnabrück und Melle, hat mir beim Ausgraben brieflich geholfen und den Verdacht geäußert, dass einer, wenn er es gewagt hätte, mit einem Knipperedolling von Bielefeld nach Münster zu fahren, dort wohl als Vierter in einem Eisenkäfig am Turm der Lamberti-Kirche angekommen wäre. Zwecks Abschreckung, denn in Münster fuhr man nichts evangelisches. Solche Zeiten waren das!

Aber der Name Knipperdolling sei im Sprachgebrauch so verankert gewesen, dass man zum einen tadelnd sagte »Du bist mir ja ein schöner Knipperdolling« und zum anderen den Lehrling beauftragte: »Hol mir mal den 18er-Knipperdolling«. Der Name blieb wohl länger im Gedächtnis als der Wagen.

Mag sein, dass ihn Knipperdolling-Fahrer schamhaft verschwiegen und nur von ihrem Dürkopp sprachen, weil jenseits von Bielefeld und Münster zu sehr gekichert wurde, wenn es knipperte und dollte. Der Knipperdolling war ohnehin ein echter Dürkopp und somit ein Qualitätsfahrzeug.

Er hatte zwei oder vier Zylinder mit 12, 14 oder 15 PS und wurde mit »sechs

Damals ein Knüller: Die Festtags-Torte kam auf Wunsch per Knipperdolling frei Haus.

Monaten Garantie« ausgeliefert, wobei das Werk aber »ganz besonders« darauf hinwies, dass »wir jede Verantwortung für Unglücksfälle oder Beschädigungen an fremdem Eigentum oder am Wagen selbst, welche während der Fahrten etwa eintreten sollten, zurückweisen.«

Im Februar 1911 erschien in der *Automobil-Welt* ein recht großformatiges Inserat, mit welchem das Werk Vertreter suchte für »Dürkopps Knipperdolling, den besten kleinen Wagen der Welt«.

Auf der gleichen Seite möchte ein Patentanwalt für ein neues »Verfahren zum Aufblasen von Hohlreifen bei Motorwagen« mit Interessenten in Verbindung treten. Hatte da jemand die Luftpumpe erfunden? Und in einer redaktionellen Notiz wird Folgendes verkündet: »Eine schwierige Leistung, die von vielen Autlern bisher vergeblich angestrebt wurde und die Anerkennung weitester Kreise verdient, vollbrachte vor kurzem ein Adler-Wagen, indem er den Schlossberg von Tecklenburg hinauf und dann durch beide Torbogen zum Denkmal fuhr.«

Nun weiß man doch, wie lange das her ist, als der Dürkopp-Vertreter zur Frau des Fahrradhändlers sagte: »Darf ich Ihnen mal meinen kleinen Knipperdolling zeigen?« Das muss nicht in Münster gewesen sein – es war wohl auch so gefährlich genug.

Mir liegt sogar das Dankschreiben eines Knipperdolling-Eigners vor. Der rühmt die Tatsache, dass er im Oktober 1908 mit seinem dollen Knipper in genau zwei Stunden von Hannover nach Velzen geprescht ist, also einen 46er-Schnitt herausgefahren hat. Ohne Gegenverkehr, vermute ich, aber auf einer staubigen Piste. Wo war ich denn nur im Oktober 1908? Weshalb fuhr ich nie einen Knipperdolling? Ich mache mir Vorwürfe.

Und andere wussten mehr. Der Winfried A. Seidel aus Ladenburg besitzt sogar einen echten Knipperdolling-Kühler und etliche Originalfotos. Was nicht verwundert, weil sie von dem Werksfotografen stammen, mit dem seine Mutter ihren Lebensabend verbrachte. Er wurde hundert, und sie vierundneunzig.

Das ist aber nichts gegen die Tatsache, dass Winfried A. Seidel mit der Tochter des Chefkonstrukteurs verbandelt war. Sie hieß Annemarie. Das hätte doch leicht einen kleinen Knipperdolling geben können. Aber der Winfried wandte sich dem Hause Carl Benz zu und gründete das gleichnamige Museum. Das ist längst nicht die ganze Ausbeute meiner Ausgrabungen. So viel Knipperdolling hatte ich nicht erwartet.

Und dem Besucher, der in meinem Museum einen Knipperdolling so sehr vermisste, dass er meine ganze Sammlung madig machte, bin ich zu Dank verpflichtet. Er hat mich auf die Spur eines beinahe exotischen Automobils gebracht, das zu Unrecht in Vergessenheit geraten war. Die Geschichte des Automobils birgt noch viel Geheimnisse. Mein Dank gilt allen, die mir beim Ausgraben halfen, wenn ich auch nicht alle Funde erwähnen kann.

Knipperdolling! Nun ist mir der Name so vertraut, als hätte einer in meines Vaters Garage gestanden. Heute haben es die Automobilhersteller nicht leicht, ihren immer neuen Modellen immer neue Namen zu geben. Dabei misslingen ihnen die kühnsten Wortgebilde. Wobei sie oft das Naheliegende übersehen. So fragt man sich, weshalb es nie einen Borgward »Störtebeker« gab oder einen Opel »Schinderhannes«. Wurden die nicht auch gehenkt?

»Rattenfänger« gab es übrigens zur Genüge, aber die hießen anders. Ich weiß, nun wird's albern – so wie damals in Bielefeld. ■

»... das kommt nicht wieder!«

Einen Maybach gibt es inzwischen wieder. Allerdings stammt er aus dem Hause Daimler. Immerhin, sein Name hatte es verdient, wiederzukehren. Dem Auto selbst gelang das nicht. They never come back! Aber da fällt mir etwas ein.

Im Jahr 1966 wollte Fred Duesenberg die Marke wieder aufleben lassen, und zwar an Ort und Stelle, in Indianapolis. Lebte er denn damals noch? Er nicht, aber sein Neffe, und der hieß genauso. 30 Jahre nach dem letzten richtigen Duesi war das im Grunde kein aussichtsloses Unterfangen. Vor 30 Jahren schrieben wir Heutigen das Jahr 1967, und die Erinnerung an die Autos aus jenen Tagen ist noch recht frisch. Sie fahren gar noch herum. Der letzte im Jahr 1937 produzierte Duesenberg war 370 PS stark und 210 km/h schnell, damals! Da holen wir doch erst einmal tief Luft.

Die Duesenberg waren überwiegend offene Wagen, denn wer einen besaß, der wollte gesehen werden, ob er nun boxte, filmte, tanzte oder sang. Und weil es den Windkanal noch nicht gab, durften diese Autos, denen der Rolls-Royce nicht das Wasser reichen konnte, atemberaubend schön sein. Der Leser weiß das, aber hat er von dem, was ich nun erzähle, je gehört?

Ich fuhr 1966 aus Indianapolis heraus auf ein Waldstück zu, in dem sich ein schlichter Bungalow versteckte, den eine 87 Jahre alte Dame bewohnte, die mich zum Kaffee eingeladen hatte. Es war Gertrude Duesenberg, August Duesenbergs Witwe. Und August und Fred, die »Duesenberg-Brothers« aus Germany, waren die Gründer der Marke gewesen. Gertrude erzählte: »Im Jahr 1906, es war an einem grimmig kalten Wintertag, holte mich mein Mann zum ersten Mal mit einem Automobil ab. Es war ein ›Mason‹, den baute er damals für Mason, einen millionenschweren Geldgeber. Aber der Wagen war nicht nach Freds und Augusts Geschmack. Er hatte nur zwei Zylinder. Wir wollten einen Duesenberg bauen! Also trennten wir uns von Mason, als uns ein guter Freund, der ein Fahrradgeschäft hatte, 900 Dollar lieh. Dazu legte ich das Weihnachtsgeld, das ich von meinem Vater bekommen hatte, um Hausrat und Kleidung zu kaufen. Natürlich gab es Ärger mit meinem Vater, aber als er den ersten echten Duesenberg sah, war er als einer der damals noch wenigen davon überzeugt, dass ich das Weihnachtsgeld nicht besser hätte anlegen können. Und er gab mir noch einmal 300 Dollar, damit wir weitermachen konnten.«

So sahen damals Anfänge aus, aber heute geht das nicht mehr. Das musste Fritz, der Erbe dieses großen Namens (er hieß tatsächlich Fritz und nannte sich um der Publicity und der Amerikaner willen Fred) leidvoll erfahren, als er voller Optimismus die große Marke wieder aufleben lassen wollte.

Virgil Exner entwarf eine imposante Karosserie und Ghia in Turin realisierte sie. Für 60.000 Dollar baute er den Prototyp, um dessentwillen ich nach Indianapolis gefahren war. Ich sollte ihn testen. Seine Technik stammte von Chryslers Größtem, dem Imperial, dessen Motor von 350 auf 400 PS hochgezüchtet war. Noch während man bei Ghia am Prototyp werkelte, lagen schon 50 Bestellungen vor. Elvis Presley, Frank Sinatra, Jerry Lewis, Jackie Cooper, Dean Martin – sie alle wollten ihn damals haben, den neuen Duesenberg aus den guten, alten Tagen.

Keiner bekam ihn. Als ich drüben eintraf, lag das einzige Exemplar bereits an der Kette. Im wahrsten Sinne des Wortes: Es stand mehrfach angekettet auf einem Hänger, und der Gerichtsvollzieher umkreiste es wie ein Schäferhund die Herde.

Fred empfing mich mit bedauerndem Achselzucken. Es ginge um lächerliche 5000 Dollar, behauptete er, und die hatte ich auch nicht bei mir. Der Dollar stand damals eins zu vier. Und so lächerlich war die Summe nun doch wieder nicht: Fred zeigte mir seinen Bankauszug, 159 Dollar waren drauf.

Die Fabrik, das Werk, als Sicherheit? Es gab sie nicht. Fred zeigte mir die Wiese, auf der sie hätte entstehen sollen. Ich zählte zwölf Pferde, die grasten da, wo die Autos gebaut werden sollten, von denen ein jedes 400 Pferde stark sein würde.

Fred Duesenberg, der Träger dieses herrlichen, unvergessenen, großen Namens,

Auch eine schöne Erinnerung an Gertrude: Duesenberg Convertible SJ.

fuhr einen zerbeulten Ford Mustang. That's America!

Aber Gertrudes Kaffee war einsame Klasse, nicht amerikanisch dünn, sondern so deftig wie der Kuchen. Sie hatte ihn selbst gebacken und mit Butterstreuseln belegt. Er schmeckte wie daheim. Sie waren aus Deutschland gekommen, aus Lippe in Westfalen, die Duesenbergs, und von Gertrudes Weihnachtsgeld geschaffen. So war das damals. Ich durfte mir die ganze Geschichte noch einmal anhören, soweit sich Gertrude erinnern konnte. Aber es stand kein vergessener Duesenberg im Schuppen hinter dem Haus, und so erklärt es sich, dass ich noch immer keinen besitze.

Dafür habe ich Gertrude Duesenberg noch gekannt, Augusts Witwe, Freds Schwägerin, die vom ersten Duesenberg an dabei war. Wir küßten uns zum Abschied gegen-

seitig auf die Wange. Und sie gab mir gar ein Stück von ihrem Kuchen mit für den langen Heimflug.

Nein, ich besitze keinen Duesenberg. Aber eine schöne Erinnerung an Gertrude. Und damit lässt es sich leben.

Kein Dach überm Kopf ...

... aber 'ne große Klappe. Soll ja bei so manchem Roadsterfahrer stimmen. Ist der Cabriofahrer der etwas feinere Herr? Ganz früher war das so. Ich erinnere mich.

Wir vermögen heute kaum noch zutreffend zu unterscheiden, was der eigentlich fährt, der das Dach offen hat. Früher wusste man es genauer. Der offene Zweisitzer war noch längst kein Cabriolet, und die Cabrio-Limousine war natürlich auch keines. Und nicht jeder offene Zweisitzer war ein Roadster, so, wie der offene Viersitzer meistens ein Tourer war, ein Tourenwagen. Und davor ein Phaeton. Ich will den Leser nicht verwirren. Nur dieses noch: Weil das Cabriolet die teuerste Möglichkeit war, offen zu fahren, und der offene Zweisitzer die billigste, gab es diese Unterscheidung: Im Cabriolet saß meist der »feinere« Herr.

Die Modellpalette begann mit dem offenen Zweisitzer, und der war, weil mit dem wenigsten Blech, Gerippeholz, Sitzleder und höchstens zwei Türen versehen (wenn überhaupt), die billigste Möglichkeit, auf den vier Rädern des betreffenden Automodells auf- und davonzufahren. Für mich aber, wohl deshalb, weil mein Vater mit einem offenen Zweisitzer begann, als ich fünf Jahre alt war, für alle Zeiten die schönste. Es mag ein Fall für den Psychiater sein, zumal der offene Zweisitzer durch mein ganzes Schreiberleben geistert, als wäre ich verhaltensgestört.

Daraus darf man nicht schließen, dass ich nur in offenen Zweisitzern anzutreffen bin. Es ist eher so, dass mir von allen Automodellen, mögen sie steinalt oder brandneu sein, die offenen Zweisitzer am besten gefallen, auch wenn ich nur auf dem Sofa liege. Dicht gefolgt von den Cabriolets, sofern sie nicht offenen Schuhkartons gleichen, was mir missfällt, denn ich bin alt genug, um zu wissen, wie schön Cabriolets sein können.

Früher hatten es die Cabrio-Zeichner besser. Sie durften spinnen auf Teufel komm raus. Denn das Chassis war schon da. Um das brauchten sie sich nicht zu kümmern. Die Erfindung der selbsttragenden Karosserie (Opel Olympia 1935) habe ich beweint wie ein kretisches Klageweib. Das ganz und gar und wahrhaft individuelle Automobil, das man sich bauen lassen konnte wie den Anzug beim Schneider, war gestorben. Die Schachtel war geboren. Das Rückgrat des »Automobils frei Schnauze« war gebrochen. Und wessen Rückgrat sonst noch, vielleicht unser aller? Es war die Geburtsstunde des Konsum-Idioten. Er hat sich inzwischen längst zur vollen Blüte entfaltet.

Der Offenfahrer neigt dazu, als Genießer unterwegs zu sein. *(Foto: BMW)*

Der Typ macht gern, was er will, zum Beispiel Offenfahren. *(Foto: BMW)*

Wie schön, dass sich so mancher dagegen zur Wehr setzt, indem er für Autos schwärmt, die noch ein wenig von gestern sind.

Alles, was es über das Offenfahren zu sagen gibt, habe ich schon geschrieben. Die besten Formulierungen von allen, zu denen ich je fähig war, so wenige es auch gewesen sein mögen, finden sich unter diesem Zeichen. Das mag daran liegen, dass ich die Natur ebenso sehr liebe wie die Technik. Als Raumfahrer bin ich denkbar ungeeignet. Ich würde auf halbem Wege die Luke öffnen – bei so vielen Sternen und dieser Aussicht.

Das ist es, mit eingezogenem Kopf unter einem von mir aus noch so rassigen und schnellen Blechdach sitzend komme ich mir eher vor wie ein dressierter NASA-Affe (so werden diese Gehäuse auch oft pilotiert), nicht wie ein Mensch. Womit schon wieder ein Wort fürs Offenfahren gesprochen wäre, ein weiteres.

Denn der Offenfahrer neigt dazu, als Genießer unterwegs zu sein. Er will sehen, riechen, schmecken, wandern. Er startet nicht nur, um anzukommen, sondern vor allem, um unterwegs sein zu können. Das ist der feine Unterschied.

Früher wanderte der Mensch feiertags raus ins Grüne. Heute macht er Kilometer. Für Ersteres eignet sich der offene Wagen »aufs Vorzüglichste«, um die Werber von einst zu zitieren. Es kommt ja ohnehin alles wieder, Gott sei Dank. Der Mensch kommt langsam dahinter, dass er kein Chip ist, sondern ein Typ. Der Chip lässt sich einbauen, der Typ macht gern, was er will. Zum Beispiel Verdeck öffnen. Das isses doch.

Ein Wunder, dass es sie noch gibt!

Bis zum 6. September 1939 waren sie noch alle da, fuhren herum, belebten das Stadtbild und erfreuten das Auge. Und dann?

Über Nacht waren sie verschwunden. In Deutschland gingen die Lichter aus. Vom 7. September 1939 an mussten 85 Prozent aller Personenkraftwagen, darunter viele Cabrios, stillgelegt werden. Der Rest bekam einen roten Winkel aufs Nummernschild und durfte nur noch lebens- und kriegsnotwendige Fahrten machen.

Fortan herrschte sechs Jahre lang autofreier Alltag. Von heute auf morgen wurden unsere Städte zu Geisterstädten, am Tage wie tot und nach Einbruch der Dämmerung »verdunkelt«. Kein Lichtstrahl sollte den feindlichen Fliegern verraten, wo wir waren. Ein Volk ging in Deckung.

Die Autoscheinwerfer wurden bis auf einen schmalen Schlitz geschwärzt, und auf den linken Kotflügel musste ein »Tarnscheinwerfer« montiert werden. Dessen schwacher Lichtstrahl fiel gleich vor dem Wagen auf die Straße, so, als ob jemand mit der Taschenlampe nach dem verlorenen Schlüssel sucht. Mehr war da nicht. Nur bei Vollmond wusste man genau, wo es langging.

Also warteten nun 85 Prozent aller Personenwagen, irgendwo mit Sorgfalt abgestellt und eingefettet, oft aber nicht einmal aufgebockt, auf ein nahes Ende des »Blitzkrieges«. Noch waren ihre Besitzer des naiven Glaubens, ihr Auto bald wieder hervorholen und fahren zu können. Sie wurden nicht enttäuscht.

Sie durften es tatsächlich bald hervorholen und ein Stückchen weit fahren, denn es wurde zum Kriegsdienst eingezogen, um auf dem Felde der Ehre zusammengeschossen oder an der »Heimatfront« verschlissen zu werden. Laut Befehl musste es »abgeschmiert und mit Betriebsstoff versorgt« zu einer Sammelstelle gebracht werden, um von dort endgültig auf Nimmerwiedersehen zu verschwinden.

Zum Glück berechtigte der Gestellungsbefehl zum Bezug von fünf Liter Kraftstoff, sonst hätte man ihn hinschieben müssen. Spötter nannten diese Spritzuteilung die letzte Ölung. Ich habe Männer weinen sehen.

Welch ein Wunder also, dass wir heute überhaupt mit Vorkriegs-Fahrzeugen spielen können. Von den Einberufenen haben viele deshalb überlebt, weil sie in der Etappe eingesetzt wurden. Nur Fliegerbomben und missmutige Benutzer ohne Kenntnisse und Ersatzteile durften sie zugrunde richten. Überlebende gab es auch deshalb, weil die Sachkundigen vom Wehrersatzamt nichts von Frontrieblern und Zweitaktern, schon gar nichts von Sperrholz-Karosserien und erst recht nichts von Auto-Veteranen wissen wollten. Die wurden für kriegsuntauglich bis wehrunwürdig befunden, so wie Männer, denen ein Arm oder ein Bein oder ein Auge oder gar der Verstand fehlte. Für die Musterungskommission war ein Sperrholz-DKW ein Krüppel.

Also ging man flugs daran, sein wehruntaugliches Auto auseinanderzunehmen, auf dem Dachboden und im Keller zu verteilen oder es ganz und gar einzumauern. Wohl dem, der auf dem Land lebte. In einer Dreizimmerwohnung im fünften Stock war dafür kein Platz.

Im Freundes- und Verwandtenkreis suchte man nach geeigneten Verstecken. So gelangte auch die 500er BMW in den Hühnerstall und der Bugatti auf den Heuboden. Der Untertan war inzwischen hellhörig geworden und auf alles gefasst. Bald wurde die Bereifung der Stillgelegten konfisziert, und da tauchte schon mal die streng dienstlich gestellte Frage auf: »Wo isser denn?« »Wegen der Bomben«, durfte man sagen, »wegen der Bomben draußen auf dem Land. Aber wie soll ich denn da jetzt hinkom-

Nur wenige Vorkriegs-Cabrios wie dieser Mercedes 540 K haben überlebt.

men?« Und noch besser war: »Das weiß nur mein Mann, aber der ist an der Ostfront.« Das zog, denn der Fragesteller war zu Hause. Zu Hause fielen dann aber die Bomben und dezimierten die wohlbehüteten Restbestände.

Aber auch viele von denen, die mit dem roten Winkel ausgestattet und somit im Grunde bevorzugt waren, fielen einer schrecklichen Verstümmelung anheim. Man baute sie auf Holzgenerator-Betrieb um oder zwang ihnen eine Ladepritsche auf. Am 1. Oktober 1942 waren bereits 182.000 Kraftfahrzeuge auf Generator- und Gasbetrieb umgestellt.

Die Verstümmelten waren kaum wiederzuerkennen, Schatten ihrer selbst, nur mit dem Vorzug gesegnet, sich fortbewegen und irgendwelche Dienste verrichten zu können. So trafen wir sie nach dem Ende des Jammers an und waren noch immer auf sie angewiesen. Mit letzter Kraft schafften sie Kohlen und Kartoffeln heran und Trümmer beiseite. Auch das Heer der verschmäht gewesenen Dreirad-Lieferwägelchen entpuppte sich nun als Geheimwaffe für den Wiederaufbau.

Wann immer ich ein Vorkriegs-Auto sehe, frage ich mich, wie, wo und weshalb es wohl überlebt hat. Es muss eine Geschichte haben, denn ich war dabei, als die Umstände nichts unversucht ließen, es umzubringen.

Die Insel der Seeligen

Wo liegt sie? Inmitten des nervtötenden Gewoges konsumbesessener Zeitströmungen! Auf ihr lässt es sich leben und überleben. Lustgewinn inbegriffen.

Mein Freund Erwin liegt im Krankenhaus. Also liegt seine vorbildlich eingerichtete Bastelwerkstatt brach. Eine unvollendete Zweihundertfünfziger italienischen Geblüts steht splitternackt mit teils fehlenden Gliedmaßen, einer Venus von Milo nicht unähnlich, auf dem Montagebock.

Zunächst klang Erwins Stimme gebrochen und mutlos. Aber gestern, als ich ihn per Telefon aufmuntern wollte, ertönte sie, als wäre ihre Batterie frisch geladen worden.

»Neben mir,« schmetterte Erwin, »liegt jetzt einer, der hat einen Kleinschnittger und einen Messerschmitt Tiger, und er restauriert gerade einen 190 SL.«

Und als ich ihn nach den neuesten Laborwerten fragte, bekam ich die medizinisch gesehen wenig fundierte und dennoch ungemein ermutigende Antwort: »Stell dir vor, die Labor-Ärztin fährt Motorrad!«

Erwin ist also über den Berg. Ein gütiges Geschick hat ihn inmitten des Einhundert-Betten-Gewoges auf die Insel der Seligen gespült. Eine bessere Medizin gibt es nicht. Nebenwirkungen sind nicht zu befürchten. Es sei denn, er kommt nach Hause und will unbedingt einen Kleinschnittger haben.

Ich kenne das. In Krisensituationen bis hin auf den OP-Tisch haben sich meiner stets Ärzte bemächtigt, die mehr nach Benzin denn nach Äther rochen. Der eine restaurierte gerade einen Triumph GT 6, dem ich Jahre zuvor, als er auf dem Markt erschien, das Prädikat verliehen hatte »Pistole mit Schalldämpfer«. Er entließ mich in Zustandsnote 1+.

Der Morgan Threewheeler ist gar nicht so leicht zu beherrschen. (Foto: Softeis, GFDL)

Damit gebe ich nur eines von mehreren derartigen Geschehnissen preis, die sich ergaben, wenn es darum ging, mich TÜV-fertig zu machen. Ich habe mir angewöhnt, jedem Mediziner, der sich meiner bemächtigen wollte oder musste, zunächst einmal die Frage zu stellen: »Was für ein Auto fahren Sie?« Das Gespräch entwickelt sich dann stets in die gleiche Richtung, und manchmal kommen wir am Ende gar auf meine Krankheit zu sprechen, spätestes kurz vor der Operation.

Die Insel der Seligen ist von Gleichgesinnten bevölkert. Ich kenne dazu nur ein Gegenstück: In der Kriegsgefangenschaft haben wir unablässig vom Essen geredet und Kochrezepte ausgetauscht, mit solcher Inbrunst, dass daraus ein unbändiger Überlebenswille erwuchs.

Gespräche über Politik hingegen wirken ungeheuer destruktiv und sind geeignet, die Selbstheilungskräfte der Teilnehmer zu untergraben.

Einen wie mich erreicht nicht selten die Frage, was ich denn wohl mitnehmen würde auf jene viel zitierte einsame Insel. Ich wüsste da schon ein paar nette Gegenstände, aber es soll nach dem Willen der Fragesteller meist nur einer sein, ein einziger. Und da wähle ich stets den Spaten, einen schlichten Spaten.

Mit dem würde ich nämlich so lange graben, bis ich auf ein Ford Modell T stoße, einen Fordson Traktor oder auf eine Harley. Es darf natürlich auch eine Indian sein. Die Aussicht, wo immer auf der Welt man gräbt, auf eines dieser Relikte zu stoßen (nachdem man die Colaflaschen, die Singer-Nähmaschine und die Überreste eines zerschossenen Jeep beiseite geräumt hat), ist nahezu hundertprozentig. Das wichtigste Gepäckstück des per Billigflug oder Traumschiff weltreisenden Oldtimerfreundes sollte also der Klappspaten sein. Er weiß ja nie, wo er runterkommt oder angeschwemmt wird.

Peinlicherweise fällt mir zum Schluss nichts Besseres ein als die Geschichte von jenem, in dessen scheinbar letzter Stunde der Pfarrer erschienen war, um ihm die letzte Ölung zu spenden. Auch der Pfarrer erwies sich auf die Frage des Hinscheidenden, was für ein Öl das denn sei, als Anbeter älteren Fahrzeugmaterials, und so kam man auf Einbereichs- und Mehrbereichs- und geeignete Konservierungsöle zu sprechen. Die um das Sterbelager versammelten Angehörigen wurden schon unruhig, vor allem jener, der den Goliath Pionier erben wollte, da geschah es. Der noch immer nicht Verblichene gewann zusehends verrauchte Energie zurück, richtete sich schließlich auf und empfahl dem Mann

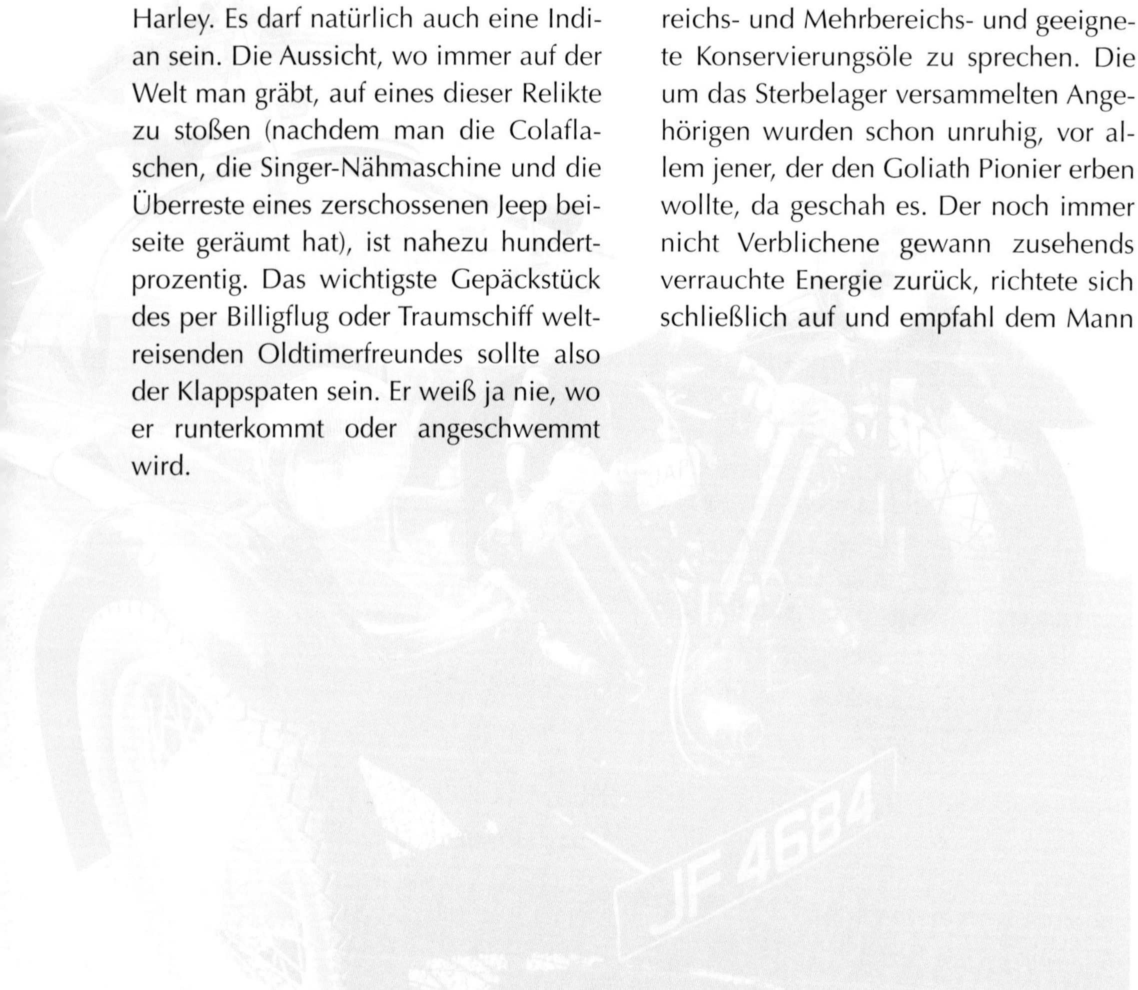

Wer am Steuer eines solchen »Dreirads« sitzt, muss halbwegs fit sein. (Foto: Liftan, GFDL)

Gottes mit ganz und gar nicht im Brechen befindlicher Stimme Ballistol. Ja, er legte, noch einmal krächzend, aber lauthals, nach: »In solchen Fällen nehme ich nur Ballistol! Es gibt nichts Besseres!«, wobei seine Augen zu leuchten und seine bleichen Wangen sich zu röten begannen.

Keiner der Anwesenden, mit Ausnahme dessen, der den Goliath Pionier erben wollte, hatte je von diesem Wundermittel gehört. Nur der Pfarrer nickte wissend, murmelte ein »Vergelts Gott« und gab zu verstehen, dass eine letzte Ölung nicht mehr vonnöten sei.

Wozu auch? Wie man hört, soll der Auferstandene neulich am Steuer eines Morgan Threewheelers gesichtet worden sein. Und der fährt sich ja nun wahrhaftig nicht leicht.

Gedanken über die Spezies der Raser

Die Ruhe ist die Tochter der Weisheit. Sie gebar einen Sohn – den Oldiefahrer. (So viel zur Beschwichtigung des Lesers)

Wenn man einen ganzen Tag lang keinem Raser begegnet war, dann lag es an einem selber. Man war im Bett geblieben. War man in dieses schon vor Mitternacht hineingestiegen, entging einem auch der Nachtraser.

Er startet zur Geisterstunde. Irgendwann nach dem zwölften Glockenschlag wirft er sich mit irrem Gesichtsausdruck hinter das Lenkrad, bevorzugt vor Bars und Discotheken. Er hält die Stunde für gekommen, sich selbst, der übrigen Welt oder auch nur einer frühreifen Fünfzehnjährigen zu beweisen, dass er der Größte ist. Er ist für alles, was außer ihm noch kreucht und fleucht, so gefährlich wie die Eule für die Maus. Mütter warnen die Kleinen nicht mehr vor dem schwarzen Mann, sondern vor dem Raser. Sind die Kleinen dann aber im Disco-Alter, steigen sie naiv wie Rotkäppchen in das Auto des zähnefletschenden Nachtrasers und kommen darin um. Es ist das Märchen von heute, das man täglich in der Zeitung liest.

Aber auch der Nebelraser ist ein heimtückischer Geselle. Er versteht es, sich meisterhaft zu tarnen, indem er gezielt ins Trübe sticht. Kaum, dass es undurchsichtig über der Piste wabert, legt er noch einen Zahn zu. Man wird seiner nur habhaft, indem man ihn aus den Trümmern schält. Leider sind es nicht selten die Trümmer eines anderen Autos.

Leichter erwischt man den Glatteis-Raser. Mit brummendem Schädel am Fuße eines Baumes oder im Kofferraum eines Fremdfahrzeuges sitzend, das einige Meter weiter vor ihm unterwegs war, bestreitet er lebhaft, dass es an dieser Stelle und zu dieser Jahreszeit überhaupt Glatteis geben könne. Außerdem beruft er sich auf alle Buchstabenkombinationen, mit denen sein Auto gesegnet sei und die eine Menge Geld gekostet hätten. Ganz ohne Zweifel sei höhere Gewalt im Spiel gewesen. An seinem Verstand kann es auch nicht gelegen haben, denn der war augenscheinlich abgeschaltet.

Man wird auch vom Frustraser sprechen müssen, dem jüngst vonseiten der Wissenschaft bescheinigt wurde, dass er aus einem sexuellen Notstand heraus dazu neige, einen ungebührlichen Fahrstil zu pflegen. Der Mann ist einfach nur krank. Es ist nicht auszuschließen, dass ihm das tägliche Reinziehen von Boulevard-Titeln und Fernseh-Entblößungen derart zugesetzt hat, dass er weder ein noch aus wusste.

Welch eine Fehlentscheidung ist es dann angesichts dieser hilfsbedürftigen Wagenlenker, jene freiwilligen Helferinnen mit Polizeigewalt zu vertreiben, die am Rande belebter Ausfallstraßen ihre Entspannungsübungen anbieten.

Das ist ebenso unbedacht, wie das vom Gesetzgeber untermauerte Verbot, sich des Frustes in Eigenarbeit zu entledigen, etwa dadurch, dass man Vorgesetzte ohrfeigt, Polizisten in den Hintern tritt und angetraute Verwandte verprügelt. Wäre solches erlaubt oder gar empfohlen, könnte es dazu beitragen, das Verkehrsgeschehen zu entkrampfen.

Mein Hausarzt gab jedoch zu bedenken, dass auch Durchfall oder Blasenschwäche aufs Gaspedal drücken können. In

Leider werden nicht alle Raser immer geblitzt. (Foto: Karsten Weiss, GFDL)

diesen Fällen empfehle ich, den sportlichen Wagen durch ein Wohnmobil mit WC zu ersetzen.
Wenden wir uns nun dem Ortsdurchfahrts-Raser zu, dem in grauer Vorzeit nur Federvieh zum Opfer fiel, das aber längst durch Fußgänger jeglichen Alters und Geschlechts ersetzt wurde, was zum Nachdenken anregen sollte. Der Ortsdurchfahrts-Raser beansprucht stets mildernde Umstände. Entweder hatte er das Dorf gar nicht kommen sehen oder geglaubt, es sei längst zu Ende. Außerdem ist sein Gasfuß so tief im Wageninneren platziert, dass er die Lage unmöglich überblicken kann.
Endlich kommen wir zum Allround-Raser. So wie der gemeine Spatz unter den Vögeln zählt er zu den am weitesten verbreiteten und ist auch mit dem Hirn dieser Vogelart ausgestattet. Es trägt ihn aus Kurven, setzt ihn gegen Bäume und Telefonmasten und wirft ihn dem Gegenverkehr zum Fraß vor. Nicht selten hält er den Mittelstreifen für den rechten Fahrbahnrand, weshalb er jeden urplötzlich Entgegenkommenden als störend empfindet.
Diesen Haussperlings-Rasern mit dem Spatzenhirn gelingen die verblüffendsten Treffer. Kommt man am Krankenbett mit ihnen ins Gespräch, erfährt man, dass es sich ausnahmslos um Spitzenfahrer handelt, die von Schlafmützen umzingelt sind. Sie haben so viel Durchblick, dass man ihnen als Entgegenkommer völlig entgeht.
Dass es sich bei ihnen um schumigleiche Heroen handelt, erkennt man an ihrem coolen Gesichtsausdruck, mit dem sie einem, die gemeinsame Kurve als die ihre betrachtend, entgegenkommen. Es ist angebracht, sich im Falle einer Kollision bei ihnen zu entschuldigen und ihren verwegenen Fahrstil zu rühmen. Man darf der Versuchung, ihnen eine runterzuhauen, keinesfalls erliegen, weil sich die Spitze des Gesetzgebers voll gegen einen richtet.
So, wie man auch auf Einbrecher, die nachts maskiert und mit blitzender Klinge vor dem Fußende des Bettes auftauchen, nicht schießen darf. Es könnte ja sein, dass der Unhold noch gar nicht strafmündig ist und einen nur aus jugendlichem Übermut erdolchen wollte. Genau dieses gilt es auch zu bedenken, wenn einem ein außer Kontrolle geratener GTI entgegenkommt. Dieser Typ des herausragenden Fahrers mit dem ganz und gar frischen Führerschein will ja nur spielen.
Er betätigt sich auch gern als Scheinraser. Der Scheinraser bringt das Kunststück fertig, aus lächerlichen 50 km/h optisch und vor allem akustisch 80 bis 100 zu machen, indem er mit Gaspedal, Schalthebel, durchdrehenden Reifen und heulendem Motor bei den harmlosen Passanten oder den Espressogenie-

Durch diese hohle Gasse muss er kommen! (Foto: Joachim Müllerchen, GFDL)

ßern auf den Kaffeehaus-Stühlchen den beklemmenden Eindruck erweckt, sie säßen am Rande einer Rennstrecke. Der Scheinraser erwartet, von den solchermaßen Gepeinigten bewundert zu werden.

Verhaltensforscher stufen dieses ansonsten im Tierreich anzutreffende Verhalten treffsicher als Imponiergehabe ein. Einen Vorteil hat es, weil man sich als Geschädigter den Zoobesuch mit Besichtigung des Affenhauses erspart. Man kann auf seinem Stühlchen unter der bunten Markise sitzen bleiben und die dröhnende Musik genießen, die der Scheinraser zusätzlich verbreitet. Das kostet nichts, nur Nerven.

Dem Leser rate ich, diese Abhandlung über den Raser als stumme Waffe zu benutzen. Er möge sie jenen unterschieben, die er darin beschrieben findet, und denen er das nie zu sagen wagte. In diesem Fall ist sogar die anonyme Briefzustellung entschuldbar. Ehepaare können sich die Geschichte gegebenenfalls gegenseitig unter das Kopfkissen legen. »Jetzt bist Du aber zu weit gegangen«, sagt Liane. Immer hat sie was zu meckern.

»Auf den Flügeln bunter Träume ...«

Der alte Schlager erklingt noch immer tief in mir drin, er hat mich bewegt. Und er hat mich gelehrt, Träume zu haben und nichts unversucht zu lassen, sie zu verwirklichen.

Das ist doch was. Damals war man noch mit Hingabe, und ohne sich schämen zu müssen, sentimental. Nicht cool und nicht knallhart, mehr Mensch eben. Ich vermisse das.

Darum lasse ich auch die Designer träumen. Aber dann sollen sie nicht mit dem Spruch hausieren gehen, die Form habe der Funktion zu folgen. Das ist leider Schnee von gestern.

Neulich bekam ich eine Einladung zu einer Einzugsparty. Sie wurde von der Bemerkung gekrönt, dass es ein Designer-Haus sei, bei dem man die Haustür weggelassen habe. »Man gelangt vom Balkon direkt ins Wohnzimmer«, hieß es da. Es war ein vergnüglicher Abend. Doch als ich beim Abschied an der Dachrinne runterkletterte, rutschte ich leider ab und verstauchte mir den Gasfuß. Die Geschichte ist zwar gelogen, aber doch irgendwie nur vorweggenommen, denn die automobilen Neuerscheinungen ohne Türen, sondern mit Flügeln der skurrilsten Gestaltungsformen, sind in Genf bereits über uns gekommen.

Entlastend gegenüber meinem Abenteuer an der Dachrinne ist der Umstand, dass man sein Auto im nüchternen Zustand zu verlassen pflegt – in der Regel. Es ist möglich, dass uns diese durchgedrehten Autos die Frage beantworten, was man sich für später weglegen soll. Also welchen Oldie für morgen wir heute schon guten Gewissens auf die Seite legen können. Aber die Sache hat einen

Der berühmteste Flügeltürer aller Zeiten und sein moderner Nachfahre.
(Foto rechts: Sfoskett, GFDL)

Haken: Morgen sind wir ein bisschen älter und nur noch halb so gelenkig. Vorsicht!
Ich weiß es doch aus eigener Erfahrung, dass ich einen Flügeltürer-SL und sogar meinen Jaguar E-Type mit seinem monströsen Schweller nur noch verzückt anschaue, es aber vermeide, in ihn hinein- und aus ihm herauszuklettern. Ein peinliches Hindernisrennen zum Amüsement der Umstehenden.
Also nix Funktion, nur Schau. Deshalb führe ich so gern meinen alten Ford vor. Ich besteige das Trittbrett, blicke triumphierend um mich, betrete den Innenraum und nehme Platz. Volle Funktion! Fehlen nur noch der Briefkasten an der Tür und die Klingel. Den Fußabstreifer gab es ohnehin als Extra. Nun ja, man darf doch mal übertreiben, wenn man sich verständlich machen will.
Und ich fahre seit Jahren Geländewagen. Nicht nur, weil ich wahrhaftig in der Höhe schneereich und einsam am Waldrand wohne, sondern auch, weil ich ihn besteigen und aus ihm heraustreten kann – ohne mir den berühmt-berüchtigten fünften Lendenwirbel zu verbiegen.
Im abgelaufenen Winter hatten all jene mit ihren tiefergelegten und breitbereiften, mit Frontspoiler bewehrten und lei-

Volle Funktion: Ford Model T. (Foto: Rudolf Sricker, GFDL)

stungsgesteigerten Hinguckern ein vorzügliches Auto für die Garage. Mehr nicht.

Man sah sie vergrämt in Bussen und Bahnen sitzen, und ein Viertel des Jahres war schon rum. Da stelle man sich so ein Ding vor, das sich nur nach oben öffnet. Heben Sie mal zwei Quadratmeter Dickschnee in die Höhe! Eine Lachnummer für die Nachbarn, die genüsslich aus dem Fenster lehnen.

Also wegstellen für später nur unter dem Gesichtspunkt, dereinst darlegen zu können, wie es war, als wir noch nicht begriffen hatten, dass man nicht gleich spinnen muss, wenn man mal träumen will.

Wenn es so weitergeht mit den Autos um uns herum, wachen wir sowieso bald auf mit einem monströsen Kater. Denn der real existierende Straßenverkehr verzeiht keinen weltfremden Schwachsinn.

»Die beiden müssen verrückt sein!«

... denkt Nachbar Schulze, der sie vom Balkon aus beobachtet

Schulze ist schon fast schwindlig vom intensiven Kopfschütteln. Schaut euch das an – jung verheiratet, schon reitet sie der Teufel. Die erste Fehlinvestition. Das Ding hat nicht mal ESP. Und was machen sie, wenn es regnet? Kurbelfenster sehe ich auch nicht. Da liegen wohl irgendwo Steckscheiben rum?

Emma, komm doch mal her, das musst du sehen. Aber Emma kommt nicht, sie räumt gerade die Speisekammer auf. Ich weiß schon, ruft sie quer durch den Flur, das sind die neuen Mieter von nebenan. Wollen auf Hochzeitsreise an den Gardasee. Haben sich extra dafür ein Auto gekauft. Das wissen doch alle Nachbarn. Ich kann jetzt nicht, der Kühlschrank leckt.

Du meine Güte, murmelt er. An den Gardasee, über den Brenner – und nicht mal ABS, nur Bremstrommeln rundum. Bremstrommeln! Ich lach mich kaputt.

Und wohin mit den Koffern? Hinter den Sitzen ist da so'n kurzes Bänkchen. Da passt so was wie 'ne Reisetasche drauf. Ha-ha, für jedermann greifbar. Und das in Italien!

Hinten, unter der schmalen Heckklappe, kann ja kaum genug Platz sein. Shorts und Shirts und Bikinis passen da gerade so rein. Und am Abend? Naja. Wie man heute so rumhängt. Aber auf Hochzeitsreise? Wenn sie überhaupt ankommen. Rundum kein Airbag. Kein einziger, nur knallhartes Blech. Hat der überhaupt Gurte?

Keine Airbags, Emma, aber Bremstrommeln, ja, Trommelbremsen! Und dann über den Brenner. Was sagste dazu …
In der Speisekammer scheppert's und rumpelt's, keine Antwort. So sind die Frauen. Wie sich das Ding wohl fährt, mit hinten 'ner Starrachse, die an lächerlichen Viertel-Federn hängt. Blattfedern, kurze Dinger, Ausleger nach hinten, gab es schon mal in den Zwanzigern. Ja, unser Opel hatte das, der Laubfrosch. Meine Güte, ich höre Opa noch fluchen. Polter-polter, hüpf-hüpf. Wenn die wüssten. Stelzen da rum und jauchzen vor Glück. Hat der Junge überhaupt 'nen Werkzeugkasten dabei? Ach was, wo denn? Und das bei zwei Vergasern, die sich nur selten einig sind. SU heißen die Dinger. Und was bringen die? Gerade mal 45 PS, aber auch nur britische, aus einem knappen Liter. Da hätte doch einer auch genügt. Weißt du noch, unser Kadett, Emma? Nun komm doch mal her! Emma kommt nicht, aber man hört sie wenigstens. Jetzt macht es gerade klirr-klirr.
Mann oh Mann, ein MG ist das. Damit haben wir früher geschossen und sagten EmGe. Wenn der mal niemanden umbringt, etwa die beiden. Wie schnell ist er denn? Kann ja nicht viel sein, so um die hundertfünfundzwanzig, schätze ich. Bergab hundertvierzig oder so. Das ist besser als mehr. Bei dem Fahrwerk!

Kein Dach überm Kopf und nur Platz für Bikini und Badeshorts. Das junge Eheglück beginnt im kleinen MG Roadster.

Ein Traum! Das ist noch ein Auto, keine Schachtel mit Rädern. Oh, wie ich die beiden beneide, was werden die alles erleben!

Was hat er denn überhaupt für einen Radstand? Was, nur zwei Meter! Moment mal, wie kurz ist denn das ganze Ding? Dreimetervierzig? Also nee! Und was wiegt er? Siebenhundert Kilo, na ja, da kann ja auch nicht viel dran sein.
Die Knautschzone muss Mutti wohl mitbringen. Mal schauen. Beweg dich mal, Mädchen! Naja, geht gerade so. Mehr für den Hausgebrauch. Meine Güte, leben die gefährlich, und tun so, als wär's ein Grund zum Jubeln.
Na endlich – Emma kommt! Wischt sich die Hände an der Schürze ab, japst ein bisschen, geht bis vorn ran an die Balkonkante, schaut hinunter, richtet sich ruckartig auf, klatscht in die Hände und ruft:
Mein Gott, ist der schön! Oh, wie ich die beiden beneide, so ein hübsches Auto – so jung und frech und sportlich! Und es soll nur zehntausend gekostet haben, hörte ich gestern. Stell dir vor!
Zehntausend? ruft Schulze. Zehntausend? Ich sag's ja, die sind total bescheuert, dafür hätten sie doch fast einen Smart gekriegt, mit allem, was sich heute so gehört. Die werden das schon bald bereuen, beim ersten Regen oder in der ersten Kurve ohne ESP. Stell dir vor, einen Smart hätten die für das Geld kriegen können, einen nagelneuen, bei den Rabatten heutzutage.
Aber Emma stellt sich etwas ganz Anderes vor. Emma hängt über den Geranien und kann sich nicht satt sehen. Sie träumt sich in den MG hinein – unter die südliche Sonne, an die Küstenstraße und an den Gardasee.
Was es doch für wunderschöne Autos gibt, äh, gab. Da drinsitzen, zu zweit, und fahren und singen, vielleicht sogar jauchzen. Und nicht rasen, die Luft um die Nase, das Haar im Wind. Und schauen und staunen. Schau mal, da drüben, diese alte Burg, sieh mal da oben, ist das ein Adler? Ach, halte doch mal an, machen wir 'ne Pause. Ich habe Schinkenbrötchen dabei und was Schönes zu trinken Und dann machen wir ein Foto.
Ja, dafür waren diese Autos gedacht, das war ihre Zeit. Man musste sie nur richtig verstehen, besser: Man musste der Richtige sein für sie. Das muss man heute

MG Midget: Das ist noch ein Auto, keine Schachtel mit Rädern ... (Foto: Oxyman, GFDL)

erst recht. Dann macht es Spaß wie einst im Mai.

Leute wie Herr Schulze tun sich damit aber schwer, wie man sieht. Im Gegensatz zu Emma, die ist auf Anhieb hin und weg. Ein Traum, schwärmt sie – das ist noch ein Auto, keine Schachtel mit Rädern dran. Oh, wie ich die zwei beneide, was werden die alles erleben!

Und während sie so vor sich hin schwärmt, überkommt Schulze ein Erinnern. Wie aus heiterem Himmel trifft es ihn. Er lehnt an der Wand, hebt eine Hand an die Stirn, murmelt: Da war doch noch was, ja, da war doch noch was ...

Ich begegnete ihm zufällig drei Tage später. Er stand an einem Kiosk und blätterte in *Motor Klassik*. ■

Mercedes-Benz 300 SL Roadster – ein Traum von einem offenem Oldtimer. *(Foto: Daimler)*